茶文化溯源与南路边茶研究

任 敏 著

华中科技大学出版社
http://press.hust.edu.cn
中国·武汉

内容简介

中国茶文化博大精深，是中华优秀传统文化的重要一脉。在中国五千多年的历史进程和广袤地域中，滋生了无数分支的茶文化，这些包罗万象的不同地域、不同背景的茶文化共同组成了博大精深的中国茶文化。各地不同的背景、地理位置等造就了各具特色的茶文化类型。本书从中国茶文化溯源中研究南路边茶的历史发展过程与现状。本书共有两个篇章，即中国茶文化溯源和在中国茶文化进程中的南路边茶。第一篇从历史沿革、发展脉络、中国茶文化精神内涵、中国茶文化表现形式四个方面回溯中国茶文化；第二篇从历史沿革、健康作用与文化意义、南路边茶的现状、贸易与流通、制作工艺、饮茶方式六个方面对中国的南路边茶进行分析与研究。

图书在版编目（CIP）数据

茶文化溯源与南路边茶研究 / 任敏著 . -- 武汉 : 华中科技大学出版社，2024.8. -- ISBN 978-7-5772-1240-1

Ⅰ . TS971.21

中国国家版本馆 CIP 数据核字第 2024UC2489 号

茶文化溯源与南路边茶研究　　　　　　　　　　　　　　　　任敏　著
Chawenhua Suyuan yu Nanlubian Cha Yanjiu

策划编辑：李家乐
责任编辑：李家乐　安　欣
封面设计：廖亚萍
责任校对：李　琴
责任监印：周治超
出版发行：华中科技大学出版社（中国·武汉）　　电话：(027)81321913
　　　　　武汉市东湖新技术开发区华工科技园　　邮编：430223
录　　排：孙雅丽
印　　刷：武汉市洪林印务有限公司
开　　本：710mm×1000mm　1/16
印　　张：14.5
字　　数：222千字
版　　次：2024年8月第1版第1次印刷
定　　价：98.00元

前　　言

　　本书从中国茶文化溯源中研究南路边茶的历史发展过程与现状。中国茶文化博大精深，是中华优秀传统文化的重要一脉。中国五千多年的历史进程和广袤的地域，衍生了茶文化的无数分支，这些包罗万象的不同地域、不同背景的茶文化共同组成了博大精深的中国茶文化。各地不同的背景、特殊的地理位置造就了极具特色的茶文化类型。

　　中国是较早发现茶、种植茶、利用茶的地方。西南地区是茶树的原产地之一。巴蜀是较早饮用茶的地方。南路边茶是黑茶鼻祖，《西藏政教鉴附录》记载，"茶叶自文成公主入藏地"。此后，西藏地区饮茶之风盛行。藏族同胞有"宁可三日无粮，不可一日无茶"一说。南路边茶被誉为藏族同胞的"民生之茶"、藏汉团结的"友谊之茶"。

　　唐宋以来的历代王朝更是实行"以茶易马""以茶治边"的政策。当时，在茶马交易过程中，茶叶被运往西藏地区，经过长时间的日晒雨淋，在湿热条件下茶叶发生了变化，即茶叶的颜色逐渐变黑，形成了与绿茶完全不同的色泽。茶是西藏地区人民的日常饮品。另外，当时的西藏地区不产茶而产良马，巴蜀地区产茶但缺良马，民间役使和军队征战往往需要大量的良马，于是，具有供需互补性的"以茶易马"即"茶马互市"应运而生，由此形成了一条延续至今的茶马古道。

　　本书共分两篇，即中国茶文化溯源和在中国茶文化进程中的南路边茶。第一篇从历史沿革、发展脉络、中国茶文化精神内涵、中国茶文化表现形式四个方面回溯中国茶文化；第二篇从历史沿革、健康作用与文化意义、南路边茶的现状、贸易与流通、制作工艺、饮茶方式六个方面对在中国茶文化进程中的南路边茶进行分析与研究。

中国茶文化与中华五千多年的传统文化一脉相承，在中华文化中极具代表性。自古以来，中国就有"琴棋书画诗酒茶""柴米油盐酱醋茶"的表述。南路边茶作为健康饮品，在历史中已得到印证。在现代社会的高速发展中，南路边茶的转型是巴蜀地区面临的新问题，也是乡村振兴的重要途径。本书从中国茶文化的全域性来分析南路边茶，以期从历史发展的价值到现实转型拓展运用来实现南路边茶的进一步振兴与繁荣。

目　　录

第一篇
中国茶文化溯源

第二编
在中国茶文化进程中的南路边茶

第一篇
中国茶文化溯源

　　中国是茶的故乡，拥有悠久的茶文化历史。中国茶文化源远流长，可以追溯到几千年前。中国大部分地区都有种植茶叶的传统，茶叶种类繁多，包括绿茶、红茶、乌龙茶、白茶、黄茶和黑茶等。茶文化不仅体现在茶叶的种植和制作上，还体现在茶道、茶艺、茶宴等茶文化活动上。茶道是一种以茶为媒介的修身养性之道，强调茶与自然的和谐，追求茶与人生的和谐。茶艺则通过泡茶、品茶、赏茶等活动，展现茶的色、香、味、形之美。茶文化还体现在茶具上，如紫砂壶、瓷器等。这些茶具不仅具有实用性，还具有很高的艺术价值和收藏价值。

　　中国茶文化博大精深，是中华文化的重要组成部分。茶叶已经成为中国人日常生活的重要组成部分，也是中国对外交流的重要载体。

　　茶树起源于中国，这一点已经得到了学术圈的广泛认可。中国的西南部，被认为是茶树起源的中心。中国是野生大茶树发现较早且较多的国家。中国的云南、贵州、广西、四川及湖北等地均陆续发现过众多野生大茶树。

　　据考证，中国茶的发现和利用可以追溯到几千年前。《神农本草经》中记述了"神农尝百草，日遇七十二毒，得茶而解之"的传说。

　　中国茶文化源远流长，从神农尝百草的传说到饮茶成为风俗。

可以说，茶是先为药用、食用，而后发展为饮用的。唐代陆羽的《茶经》是中国古代茶文化的重要文献，其对茶的种植、制作、饮用等均有详细论述。

中国的茶文化不仅在国内广泛传播，还通过丝绸之路等贸易路线传播到世界各地，对全球茶文化的发展产生了深远影响。

综上所述，中国在茶的发现、种植和利用方面具有举足轻重的地位，是茶文化的重要发源地。中国是茶的故乡，是较早发现茶、种植茶、利用茶的地方。西南地区是茶树的原产地之一，巴蜀是较早饮用茶的地方①。雅安是世界茶源，也是川藏茶马古道的起点，蒙顶山是巴蜀茶文化起源与发展的重要地理坐标，是世界茶文明发祥地和世界茶文化发源地。

---

① 注：顾炎武在《日知录》中说："自秦人取蜀而后，始有茗饮之事。"

第一章
历 史 沿 革

第一节
中华茶文化的起源

中华茶文化的起源可以追溯到远古时期。传说，神农氏在尝百草时发现了茶叶具有药用价值，这标志着茶在中国古代的应用。茶文化的发展经过了漫长的时期，从最初的药用、食用到作为饮料，再到形成独特的文化，这一过程体现了中华文明的演变和发展。

一、"神农尝百草"的典故

（一）典故的解读

"神农尝百草，日遇七十二毒，得茶而解之"是中国传统文化中的一个著名典故，它源于古代农业和医药始祖——神农。这个典故在多个古代文献中都有记载，虽然具体细节可能不同，但核心含义大致相同。传说，神农为了寻找能够治疗疾病的草药，亲自尝试了上百种草药，以身试毒。在这一过程中，神农每天都会遇到多种有毒的植物，但每次中毒后，都能通过食用茶叶来解毒。这里的"茶"是古代对茶的称呼，后来逐渐演变成了"茶"字。这个故事反映了古人对茶具有医疗作用的认识。

神农尝百草是中国古代的一个传说，它讲述了上古时期神农（也被称为炎帝）为了寻找可以治病的草药，亲自尝试各种植物，以确定它们的性质和用途。在这一过程中，神农发现了茶叶，开启了茶叶利用和茶文化发展的历史。

（二）神农的介绍

神农是中国远古传说中的农耕和医药的发明者，被尊为华夏"三皇"①之一。神农的名字有多个，如伊耆等，别名包括神农氏、五谷先帝、烈山氏等。神农的主要贡献在于他尝试了多种植物，教人医疗与农耕，因此被尊称为"五谷王""五谷先帝""神农大帝"等。

神农尝百草，神农通过亲身尝试来了解植物的性质和功效，因此他发现了多种可以食用的谷物和具有医疗效果的草药。他将这些知识记录下来，形成了《神农本草经》，为后世的农业和医药发展奠定了基础。因此，神农在尝百草的过程中，发现并利用了茶，神农被认为是中国历史上较早的茶人。神农通过尝试各种草药，发现了茶具有解毒作用。

在中国古代文化中，神农被视为中草药的发现者和农业的创始人，是中华民族的先祖之一。他的探索精神和对人类福祉的贡献被后人传颂。虽然神农尝百草的故事具有浓厚的神话色彩，但它也象征着中国古代对自然和医药的探索，以及茶作为中国传统文化中的重要组成部分。这一

---

① "三皇"是传说中中国远古时期的三位帝王，即燧人、伏羲和神农，他们都是中国古代神话中的人物。

燧人（又称燧皇）：相传，燧人是发明人工取火的部落的首领。燧人教人钻木取火，结束了远古人类茹毛饮血的生活，开创了华夏文明。

伏羲（又称羲皇）：相传，伏羲是人首蛇身的部落的首领。伏羲教人结网捕鱼，驯养家畜，发明了八卦，制定了婚嫁制度，是中华民族的人文始祖之一。

神农（又称农皇、炎帝）：相传，神农是农耕和医药的始祖。神农尝百草，教人种植五谷，发现医药，开创了农业文明。

三皇的主要贡献：燧人发明人工取火，结束了远古人类茹毛饮血的生活；伏羲教人结网捕鱼，驯养家畜，还发明八卦，制定婚嫁制度；神农尝百草，是农耕和医药的始祖，开创了农业文明。

三皇是中国古代神话中的人物，代表了中国古代文明的起源。他们的主要贡献体现了中国古代文明从渔猎采集向农耕文明的转变。三皇与五帝合称"三皇五帝"，是中国古代文明的象征。

需要注意的是，三皇的说法并不完全一致，不同史书记载有所不同。除了燧人、伏羲、神农这一说法，还有天皇、地皇、人皇等不同版本。但燧人、伏羲、神农这一说法流传较广，影响较大。

传说不仅体现了茶在中国历史中的重要地位，也昭示了茶文化在中国悠久历史文化中扮演的角色。

神农的形象和故事在中国文化中具有重要的地位，他被后世尊为农业和医药的守护神，受到了广泛的崇拜和纪念。每年的农历正月初五到正月二十，人们都会举行祭祀活动，祈求五谷丰登和人民健康。神农的传说和贡献在中国各地都有遗迹和纪念地，如神农架、留香寨等，这些都是为了纪念神农尝百草，造福人类的功绩。

（三）典故的来源

"神农尝百草，日遇七十二毒，得荼而解之"这一说法并非出自《黄帝内经》，而是与《神农本草经》相关。《黄帝内经》是中国古代医学的经典著作，它集中讲述了医学理论、疾病诊治、人体生理、病理以及养生等，而关于神农与草药的传说并不在《黄帝内经》的记载之中。从目前现有文献来看，"神农尝百草，日遇七十二毒，得荼而解之"这一说法可能源于《神农本草经》。《神农本草经》是中国古代的药物学著作，虽然原书已失传，但后人从历代本草书籍中整理并汇编了相关内容。《神农本草经》按照上、中、下三品分类，记载了约365种药物的主治、功效等。书虽名为《神农本草经》，但实际上是历代医家医药知识和经验的总结。关于神农尝百草的传说，文字大多出现在春秋战国时期所著的书籍中。

另外，清代《钦定四库全书》引录了这一说法，但注明的是《本草》，未说明具体年代与作者。由于目前尚未发现其他文献引录该语，给后世留下了疑问。《钦定四库全书》的引文与常见的《神农本草经》引文存在细微差别，例如《钦定四库全书》提到的是"七十毒"而非"七十二毒"，并且使用的是"茶"字而非"荼"字。

综上所述，关于"神农尝百草，日遇七十二毒，得荼而解之"的传说主要与《神农本草经》相关。《黄帝内经》作为医学典籍，其内容与这一传说并无直接关联。

（四）典故的相关传说

在尝试了众多植物后，神农发现了茶叶具有清热解毒和提神醒脑的作用，并将其作为一种药材使用。这个传说体现了古人对自然界的观察和认识，以及对农业和医药知识的探索。虽然神农尝百草的故事带有明显的神话色彩，但它反映了中国茶文化的起源。在历史文献中，茶叶的记载可以追溯到西汉时期，神农尝百草的故事则为茶文化的起源提供了文化和历史背景。

神农作为中华民族的农业和医药始祖，他的这一传说不仅是茶文化的重要组成部分，也是中华文化宝库中的宝贵财富。

二、对茶药用功能的解读

华佗在《食论》中说："苦茶久食，益意思。"这句话的大意是，茶叶味微苦，长期饮用能提高人的思维能力，有助于人的思考。这是历史上较早关于茶具有药用价值的记载。

壶居士在《食忌》中说："长期喝茶，可羽化成仙；如果茶与韭同食，可使人增加体重。"

郭璞在《尔雅·注》中说："树小如栀子，冬生叶可煮作羹饮。"

陆羽的《茶经》引用华佗的《食论》说："苦茶久食，益意思。"

李时珍在《本草纲目》中说："茶苦而寒，阴中之阴，沉也，降也，最能降火。火为百病，火降则上清矣。"

第二节
"茶"字的形成与溯源

神农时代，中国的劳动人民已发现野生茶可以解毒。"茶"字较早见于《六经》。《豳风·七月》曾言:"采荼薪樗,食我农夫。"可以看出,早在西周时期,人们已认识"荼"为木本。《尔雅》中提到了"苦荼"。西汉时期,饮茶已较为普遍,同时茶也作为一种商品。但因时因地不同,不同方言中的茶名也不一致。司马相如的《凡将篇》中的"荈诧"即为茶;扬雄的《方言》(《輶轩使者绝代语释别国方言》)称茶为"蔎";《晏子春秋》称茶为"茗菜";《食论》称茶为"苦荼";《三国志》称茶为"荈"。西晋郭璞在《尔雅·注》中说明了茶树的形状,并且把不同的茶名统一。

"茶"字作为专有名词,直到唐代陆羽的《茶经》才正式确立并得到广泛使用。在此之前,茶叶的称谓有多种,包括"荼""槚""蔎""茗""荈"等。"茶"字的字形、字音和字义,直到唐代中叶陆羽的《茶经》中提到"一曰茶,二曰槚,三曰蔎,四曰茗,五曰荈"时,才标志着"茶"字的正式形成与统一。

一、中国古书上表茶义的字形

(一)《尔雅》①之"荼""槚"

《尔雅》全书共有二十篇,现存十九篇,释诂、释言、释训、释亲、释宫、释器、释乐、释天、释地、释丘、释山、释水、释草、释木、释虫、释鱼、释鸟、释兽、释畜。《尔雅》内容涵盖了天文、地理、生物、医学、军事、音乐、礼仪等。

《尔雅》是中国较早的一部"词典"。《尔雅》包含了大量的古代汉语词汇,并对这些词汇进行了解释和释义。《尔雅》中就有"槚"字,称"槚就是苦荼"。

在《尔雅》中,关于"荼"的记载出现在"释草"和"释木"两个

---

① 《尔雅》是中国现存较早的一部解释词义的专著。它汇集了先秦时期各地的方言、古语、草木鸟兽之名等,对古代汉语词汇进行了系统的解释和分类。《尔雅》对后世的字典编纂有着深远的影响,被尊为"辞书之祖"。

部分，释草第十三提到："荼，苦菜。"这里的"荼"指的是一种苦菜，而非后来用于饮用的茶叶。释木第十四中指出："槚，苦荼。"在这里，"槚"（jiǎ）指的是一种树木，而"苦荼"则是指从这种树木上摘取的叶子，即后来的茶叶。这表明在《尔雅》成书时期，人们已经认识到某些树木的叶子可以被用来制作苦味的饮品。晋代郭璞的《尔雅·注》释曰："树小如栀子，冬生叶可煮作羹饮"。这表明《尔雅》是我国历史上关于"茶"字记载的较早文献之一。

《尔雅》的记载反映了古代汉语中一词多义的现象，同时也说明了茶在中国古代已经作为一种饮品被认知和使用。《尔雅》的编纂和流传，对研究古代汉语词汇、方言、文化等具有重要的价值。

在《尔雅》中，"荼"字有两个含义：一个是指苦菜，另一个是指苦味的饮品，即茶叶。这种区分反映了古代汉语中一词多义的现象，同时也说明了茶在古代中国已经作为一种饮品被认知和使用。值得注意的是，《尔雅》的记载为我们理解茶的早期历史和文化提供了宝贵的信息，它不仅展示了茶在古代中国的起源，还反映了古代汉语的发展和演变。

（二）司马相如①《凡将篇》之"荈诧"

《凡将篇》是西汉时期著名文学家司马相如所著的一部作品，它记载了当时已知的多种药物。司马相如《凡将篇》记载："乌啄桔梗芫华，款冬贝母木蘗蒌，芩草芍药桂漏芦，蜚廉雚菌荈诧，白敛白芷菖蒲，芒硝（消）莞椒茱萸"。《凡将篇》提到了"荈诧"。"诧""茶"二字是相通的；"诧"是"茶"的一个古正字，"诧"就是"茶"，"荈诧"就是"荈茶"。《凡将篇》被认为是茶的早期记载文献之一。

在《凡将篇》的这段文字中，"荈诧"与其他药物并列，显示了茶在古代医药中的地位。这表明，在西汉时期，茶已经被当作药物，具有一定的药用价值。这一记载为后人研究茶的历史、文化和药用价值提供了

---

① 司马相如（公元前179年—公元前118年），字长卿，四川人，是西汉时期著名的文学家、政治家。他的文学成就主要体现在汉赋上，与扬雄并称"扬马"，是汉赋的代表人物之一。《凡将篇》是司马相如所著的一部重要古籍，其中对茶的记载为研究茶的历史和文化提供了宝贵的信息。

宝贵的文献资料。值得注意的是，虽然《凡将篇》中的"荈诧"被广泛认为是茶的早期记载，但关于其确切含义，学术界仍有一些争议。不过，这一记载无疑为研究茶的起源、发展和文化传承提供了重要线索。

（三）扬雄①《方言》之"荼""槚""蔎""茗"

《方言》是西汉时期著名学者扬雄所著的一部研究汉语方言的专著，全称《輶轩使者绝代语释别国方言》。该书在中国语言学史上具有重要地位，是汉语方言学的开山之作。《方言》中提到了茶的几个古称，如"荼""槚""蔎""茗"等。这些古称反映了不同地区对茶的不同称呼。《方言》中提道："蜀西南人谓茶曰蔎"，意思是四川等西南地区的人把茶称为"蔎"。这表明，在汉代，四川等西南地区已经有了饮茶的习惯，并且有了自己独特的方言称呼。《方言》对茶的称谓进行了一些解释和辨析。例如，"荼"本义指苦菜，后来借用来指茶；"槚"本指楸、梓等树木，后来也用来借指茶；"蔎"本指香草，因具茶香味，故用来借指茶等。《方言》的记载表明，在汉代，茶已经成为一种比较普遍的饮品，在不同地区有不同的称谓和用法。这为研究茶文化的发展提供了重要线索。

（四）《晏子春秋》之"茗菜"

《晏子春秋》是记载春秋时期政治家、思想家晏婴言行的一部历史典籍。关于《晏子春秋》中提到的"茶"，有一个著名的典故，《晏子春秋》记载："婴相齐景公时，食脱粟之饭，炙三弋五卵茗菜而已。"即晏婴（晏子）在担任齐景公宰相时，力行节俭，饮食十分简朴。《晏子春秋》记载，晏婴吃的是糙米饭，除三五样劳菜，只有"茗菜"而已。唐代

---

① 扬雄（公元前53年—公元18年），字子云，是西汉时期著名的文学家、思想家、语言学家和哲学家。他出生于蜀郡（今四川成都），是汉赋四大家之一，与司马相如、班固、张衡齐名。扬雄擅长辞赋，他的代表作有《甘泉赋》《河东赋》《羽猎赋》和《长杨赋》等。这些作品在艺术上均具有很高的成就，对后世文学产生了深远影响。扬雄被认为是中国方言学研究的鼻祖。他的《方言》是中国乃至世界上较早的方言学著作，对研究古代汉语方言有着重要价值。《方言》作为研究古代汉语方言的重要著作，在记载和研究茶文化方面也具有重要价值。《方言》中关于茶的称谓、用法和分布的记载，为我们了解汉代茶文化提供了宝贵的资料。

"茶圣"陆羽在其著作《茶经》中，引用了《晏子春秋》中的这段文字，将其列入"七之事"中，作为春秋时期有关茶的史料。

《晏子春秋》中关于"茶"的记载存在一些争议。虽然陆羽在《茶经》中将其作为春秋时期茶的史料，但后来的学者对此有不同的解读和看法。例如，吴觉农在《茶经述评》中提出，春秋时期的山东地区不太可能产茶，因此晏婴不太可能饮茶。另外，有的版本将"茗菜"写作"苔菜"，认为晏婴吃的不是茶而是苔菜。

综合来看，陆羽在《茶经》中引用《晏子春秋》的记载，体现了他试图追溯茶文化历史的意图。但关于"茗菜"是否为茶的争议，也反映了古代文献记载的复杂性以及对古代茶文化进行研究面临的挑战。尽管存在争议，但这一记载仍是我们研究古代茶文化发展的重要参考资料。

（五）华佗[①]《食论》之"苦茶"

《食论》是东汉末年医学家华佗所著的一部关于饮食和养生的书籍，其中提到了茶叶的效用。华佗在《食论》中指出："苦茶久食，益意思。"这句话表明，华佗认为长期饮用茶（尤其是苦茶）可以提神醒脑，有助于提升人的思维敏捷度。《食论》中关于茶的记载，反映了古人对茶叶药用价值的认识。茶叶在中国古代不仅作为饮品，还被用作药材，具有清热解毒、提神醒脑等多种功效。华佗的这一观点也与后来茶文化的发展相契合，茶逐渐成为人们日常生活中不可或缺的一部分，茶不仅对人的健康有益，还在社交和文化活动中具有重要作用。

此外，华佗的这一记载也体现了汉代人对茶叶的认识和使用，为研究中国古代茶文化提供了重要的参考资料。尽管《食论》原文已佚失，但通过其他文献对它的引用，我们仍能窥见华佗对茶的见解及茶在医学上的应用。

---

① 华佗是中国古代著名的医学家，擅长外科手术，并对麻醉技术有所贡献，被后人尊称为"外科圣手"。他的医学理念和实践对后世的中医学发展产生了深远影响。

（六）《三国志·吴书》①之"荈"

《三国志·吴书》中"以茶代酒"的原文如下。

"皓每飨宴，无不竟日，坐席无能否率以七升为限，虽不悉入口，皆浇灌取尽。曜素饮酒不过二升，初见礼异时，常为裁减，或密赐茶荈以当酒，至于宠衰，更见逼强，辄以为罪。"讲的是，吴国的君主孙皓喜欢饮酒，并经常举行宴会。在宴会上，孙皓规定每个人至少要喝七升酒。韦曜是孙皓父亲孙和的老师，酒量不大，只能喝二升。因为韦曜曾受孙皓特别礼遇，所以在他喝不下的时候，孙皓会特别照顾他，让人偷偷将酒换成茶，让韦曜可以"以茶代酒"，不至于在宴会上尴尬。

这里的"荈"（chuǎn）通"茶"，指的是茶。这段记载表明，孙皓在宴会上对韦曜特别关照，允许他用茶代替酒，以免他因不胜酒力而出丑。这一做法后来逐渐演变成了一种礼仪，即在宴会上不饮酒的人可以用茶来代替，体现了中国古代的一种饮酒文化，也显示了茶在社交场合具有重要作用。此外，这个典故还反映了当时茶作为一种饮品在社会中的流行程度，以及茶在文化中的地位。尽管《三国志·吴书》本身并没有详细描述茶的种植、制作和饮用方式，但这一记载无疑是中国茶文化史上的重要一笔。

（七）《诗经》②之"荼"

《诗经》是中国较早的一部诗歌总集，记录了周初至春秋中叶的诗歌，其中并没有直接提到"茶"这个字。然而，《诗经》中出现了"荼"字，而"荼"在古汉语中有时被用来指代苦菜或茅草上的白花，但在某些情况下，"荼"也被用来指代后来的"茶"。唐代以前，文献中没有明

---

① 《三国志·吴书》是由西晋史学家陈寿所著的一部史书，专门记载三国时期吴国的历史。《三国志·吴书》中有关于"以茶代酒"的记载，是中国茶文化中一个非常著名的典故。韦曜是三国时期吴国的官员、史学家，他博学多才，曾任太史令，负责编纂《吴书》。

② 《诗经》是中国较早的一部诗歌总集，共收录了西周初年至春秋中叶五百多年的诗歌300余篇。另外，还有6篇只存篇名而无诗文的"笙诗"。在内容上，《诗经》被分为"风""雅""颂"三部分。

确区分"荼"与"茶"。因此，一些学者推测《诗经》中的"荼"可能与茶有关。以下是《诗经》中出现"荼"字的几处。

《邶风·谷风》："谁谓荼苦，其甘如荠。"这句话通过对比表达了，虽然"荼"本身是苦的，但与其他事物相比，荼却像荠菜一样甘甜。

《豳风·七月》："采荼薪樗，食我农夫。"这里描述的是农夫的生活状态，"采荼"可能指的是采集苦菜。

《豳风·鸱鸮》："予手拮据，予所捋荼。"这里用"荼"来比喻劳动人民的艰苦生活。

《郑风·出其东门》："出其闉阇，有女如荼。虽则如荼，匪我思且。"这里的"荼"形容女子众多。

《大雅·绵》："周原膴膴，堇荼如饴。"描述了周原土地肥沃，连苦菜都甘甜如饴。

（八）郭璞①《尔雅》之"槚""荼""茗""荈"

《尔雅》是我国古代较早的一部词典，其中"槚，苦荼"是关于茶的文献记载。在《尔雅·注》的注解中，晋代学者郭璞对"槚，苦荼"进行了详细解释，注解内容："树小如栀子，冬生叶可煮作羹饮。今呼早采者为荼，晚取者为茗。一名荈，蜀人名之苦荼"。

这段注解是关于茶的早期描述，说明了茶的一些特性和用途：树形，茶的植株相对较小，类似栀子；常绿，茶叶是常绿的，即一年四季都有叶子；用途，叶子可以用来煮制饮品，即茶；采摘时间，根据采摘时间的不同，茶有不同的称呼（早摘的被称为"荼"；晚摘的被称为"茗"；还有时被称为"荈"）；地方称呼，蜀地（今陕南、四川一带）的人将茶称为"苦荼"。

郭璞在《尔雅》中说明了茶树的形状，并且把不同的茶名称进行了统一，归纳为因采摘时期不同而异。

---

① 郭璞（276—324年），字景纯，是晋代著名学者，文学家、训诂学家、风水学者。他出生于河东闻喜（今山西闻喜），是晋建平太守郭瑗之子。郭璞在文学、训诂学、风水学等多个领域都有卓越的成就，被誉为"游仙诗"类型的鼻祖以及"风水学鼻祖"。

秦代以前，由于各地语言、文字不统一，茶的名称也众说纷纭。西汉时期，茶的运用已盛行，但茶的名称仍不统一。据《茶经》记载，唐代以前的茶有荼、槚、茗、荈等不同名称，这对我们研究"茶"的古称提供了资料。但在中唐时期还没有明确"茶"字以前，茶的别名容易与其他植物混淆，分析唐代以前的"茶"字时，要根据当时描述的实事断定，不能就字论茶。

到了唐代，陆羽在《茶经》中将"荼"字减去一横，正式定名为"茶"。这一字形沿用至今，已有1000多年历史。总之，"茶"字的起源和发展反映了中国古代对茶的发现、利用以及茶文化的积淀。茶作为中国的传统饮品，与其相关的文字记载和文化传承已有千年。

二、"茶"字向世界传播

"茶"被引入了日本。朝鲜半岛以及越南等地也引入了"茶"字。在与中国进行贸易往来时，欧洲地区通过荷兰、葡萄牙等国接触茶及茶文化，随后"茶"字及其变体开始出现在欧洲地区的文献中。

茶起源于中国，世界各国的茶名读音大多从中国传入，目前主要有两大体系：一是普通话语音"茶"即"CHA"音；二是福建厦门地方语音"退"即"TEY"音。

"CHA"音主要传至中国的周边国家，例如日本、土耳其、葡萄牙、俄罗斯等。而"TEY"音则传至西方，演变成英语"TEA"、法语"THE"、德语"TEE"等，例如英语中的"tea"、法语中的"thé"、德语中的"TEE"等，这些词汇多源于福建和广东方言中茶的读音。

在古代，"茶"字有多种写法，如"荼""槚""茗"等，后来统一在"荼"的基础上少一横变为"茶"，成为表"茶"义的专有字形。在中国古代，除了古书上有"茶"的不同字形记载，还有很多文学作品对中国人日常生活中运用茶的方式有详细记载，文学巨著《红楼梦》就是其中的经典之作。

总之，"茶"字的起源和发展反映了中国古代对茶的发现、利用以及茶文化的积淀。茶作为中国的传统饮品，与其相关的文字记载和文化传承已有千年历史。"茶"字在中国文化中具有重要地位，不仅因为茶是一种被广泛饮用的饮品，更因为茶文化是中国传统文化的重要组成部分。茶与中国人的日常生活密切相关，体现了中国人的生活哲学和传统审美。

第三节
茶树被发现于中国西南地区

一、茶树的基本知识

（一）茶树的学名全称

茶树的英文学名全称为 Camellia sinensis（L.）O. Kuntze。其中 L. 表示命名人林奈。茶树的种加词是 sinensis[①]，表示茶树原产于中国。茶树在植物分类学上的地位属于种子植物门（Sperma tophyta），被子植物亚（Angiospermae），双子叶植物纲（Djcotyledoneae），山茶目（Theales），山茶科（Theaceae），山茶属（Camellia）。也就是说，茶树属于山茶科山茶属的常绿灌木或小乔木植物。茶树的最初学名是 Camellia sinensis（L.）。1950年，中国植物学家钱崇澍根据国际命名和茶树特性，确定以 Camellia sinensis（L.）O. Kuntze 为茶树英文学名全称，这一学名在中国通用迄今。茶树的英文名为 tea plant 或 tea tree，别称还有 thea、cha 等。

---

① "sinensis"是一个拉丁学名中的种加词，通常用来指代原产于中国或与中国有密切关联的物种。这个词来源于拉丁语中的"sina"或"sinae"，这是其他国家在古代对中国的称呼之一。在植物学和动物学的拉丁学名中，"sinensis"后缀用来指示物种的地理起源或分布。例如，在茶树的拉丁学名 Camellia sinensis 中，"sinensis"就表明这种茶树原产于中国。使用"sinensis"作为种加词，有助于科学家和研究者识别物种的地理起源，同时也保留了物种命名使用拉丁语的传统。

茶文化溯源与南路边茶研究

（二）茶树的形态特征

茶树是多年生常绿木本植物，我国茶树品种主要分为大乔木型、小乔木型和灌木型三大类。一般通过修剪来控制茶树的高度，茶树高度多在0.8—1.2米。人工种植的茶树以灌木为主。在热带地区，茶树也有乔木型，高达15—30米，基部树围在1.5米以上，树龄可达数百年至上千年。

灌木型茶树是茶树品种分类中的一种类型，主要分布于亚热带茶区，我国大多数茶区均有分布。一般情况下，灌木型茶树的高度一般在0.8—1.2米，植株低矮，适合密集种植。

灌木型茶树没有明显的主干，从基部分枝，分枝点较低且密集，呈丛生状。灌木型茶树叶片长度范围在2.2—14厘米，大多数灌木型茶树品种的叶片长度在10厘米以下。灌木型茶树叶片栅栏组织一般为2—3层。灌木型茶树的抗逆性、适应性较强，适合亚热带茶区。灌木型茶树生长旺盛，根系发达。由于分枝密集，叶片较小，灌木型茶树较适合用机械化设备进行采摘。灌木型茶树品种多样，包括许多优质的茶树品种。灌木型茶树的抗逆性、适应性较强，能够适应不同的生长环境。灌木型茶树由于植株低矮、分枝密集、叶片较小，非常适合密集种植和运用机械化设备进行采摘，是茶叶生产中非常重要的一种类型，也是人工繁育种植的主要类型。

小乔木型茶树是茶树品种分类的一个类型，它介于大乔木型茶树和灌木型茶树之间，植株高度通常高于灌木型茶树，但低于大乔木型茶树，一般高度在1.2—3米。

小乔木型茶树植株基部至中部主干较为明显，植株上部主干则较不明显，分枝较稀。小乔木型茶树分枝点较高，有助于茶树的生长和茶叶的采摘。小乔木型茶树的叶片长度一般在10—14厘米，叶片大小介于大乔木型茶树和灌木型茶树之间。小乔木型茶树叶片的栅栏组织多为两层，有助于叶片进行光合作用。小乔木型茶树的抗逆性较大乔木型茶树更强，能适应多种环境。相比灌木型茶树，小乔木型茶树生长速度较慢，但比大乔木型茶树快。小乔木型茶树既能适应传统的栽培方式，也能够适应现代化的栽培方式，小乔木型茶树所产的茶叶品质通常较好，适合制作多种茶叶。小乔木型茶树主要分布于亚热带或热带茶区，能够适应温暖湿润的气候。小乔木型茶树因其植株高度和分枝习性，以及叶片和栅栏组织的特点，在茶叶生产中占有重要地位。小乔木型茶树所产的茶叶品质较好，并且小乔木型茶树具有较强的适应性和抗逆性，能够适应多种栽培环境。

大乔木型茶树是茶树品种分类的一个类型，大乔木型茶树的植株高度通常在3米以上，有些甚至可以达到10米或更高。

大乔木型茶树从植株基部到上部，都有明显且高大的主干，分枝部位较高。由于主干明显且分枝部位较高，大乔木型茶树的分枝相对稀疏。大乔木型茶树叶片长度的变异范围为10—26厘米，多数品种叶长在14厘米以上。大乔木型茶树叶片的栅栏组织通常为一层，有助于进行光合作用。与灌木型茶树和部分小乔木型茶树相比，大乔木型茶树的生长速度较慢。相比灌木型茶树和小乔木型茶树，大乔木型茶树的抗逆性较弱，对环境要求较高。大乔木型茶树的根系较发达，能够深入土壤，吸收养分。大乔木型茶树的寿命一般较长，有些大乔木型茶树可以存活数百年甚至上千年。大乔木型茶树主要分布于热带或亚热带地区，如中国的云南、海南等地。大乔木型茶树所产的茶叶品质通常较高，适合制作高品质的普洱茶等。由于植株高大，采摘大乔木型茶树的茶叶相对困难，需要特殊的采摘技术和工具。大乔木型茶树是茶树中的原始类型，它们在自然环境中生长，形成了独特的生态系统。大乔木型茶树通常生长在海拔较高、气候温暖且湿润的山区，这些地区往往能够为茶叶生长提供充足的养分。由于生长较为缓慢且抗逆性较差，大乔木型茶树需要被更多地关注和管理，以确保它健康生长并产出较高品质的茶叶。

二、中国西南地区是茶树的原产地

根据植物学研究，茶树所属的被子植物门，起源于距今1亿年以前的晚白纪，而其中的山茶目植物，生长在六千万年以前。关于茶树的原产地，近代一些学者有不同意见，有人认为在印度，有人认为在包括缅甸、泰国、越南、印度、中国西南的整个地带。但根据史料记载和实地调查，多数学者已经确认了中国是茶树的原产地且中国的西南地区，包括云南、贵州、四川等地是茶树原产地的中心。这一地区因其独特的地理和气候条件，非常适合茶树的生长，被认为是茶树的原产地和起源中心。

（一）地质学证据

云南横断山脉第三纪古地层中发现了大量的木兰化石。这些化石证据表明，在第三纪时期，木兰目植物在该地区广泛分布。茶树与中华木兰在叶脉结构上具有高度的相似性，这为从形态学角度分析茶树可能起源于木兰目提供了一定的证据。许多学者认为，茶树可能由第三纪的宽叶木兰演化而来。茶树的原始种形成应该在第三纪早中期，在4000万年到6500万年前。从木兰化石到现代茶树的演化过程中，我们可以发现，茶树逐渐发展出了适应不同环境的特征，形成了热带型和亚热带型的大叶种、中叶种茶树，以及温带的中叶种和小叶种茶树。木兰化石与茶树的密切亲缘关系表明，这一地区在地质历史上就适宜茶树生长。木兰化石的发现地区与现代茶树的自然分布区域有一定的重合，这为茶树起源于中国西南地区提供了证据。

木兰化石的发现为理解茶树的起源和进化提供了重要的古植物学证据。尽管目前还没有直接的茶树化石资料，但木兰化石的发现、茶树的遗传多样性，以及野生茶树的广泛分布等，都支持了茶树起源于中国西南地区这一观点。

（二）野生茶树分布

中国西南地区，尤其是云南，拥有大量的野生茶树。这些野生茶树的存在，证明了茶树在这一地区有着悠久的自然生长历史。云南是中国野生茶树分布较为密集的地区。云南的西南地区存在大量的野生茶树群落，这些野生茶树群落与木兰化石在地区上的重合，进一步支持了茶树起源于木兰这一观点。20世纪60年代初，研究者在云南巴达山发现了野生大茶树，树龄超过1700年，这一发现震惊了茶界，并再次支持了茶树原产于中国这一观点。多位学者通过研究茶树的染色体组型、同工酶谱带、蛋白质亚基分析等，得出云南大叶种茶树较为原始，进一步证实了云南作为茶树原产地的地位。茶树从原始的野生型逐渐演化为栽培型，云南地区的茶树多属大乔木型茶树，具有典型的原始形态特征。中国云南的西南地区茶树数量众多且拥有特别珍稀的古茶生态系统——野生茶树群落。云南的古茶树资源约占全国的97%。贵州也拥有丰富的野生茶树资源。1980年，研究者在贵州晴隆发现了一块茶籽化石，经鉴定该块茶籽化石为距今100万年的新生代第三纪四球茶的茶籽化石，这为贵州作为世界茶树原产地的核心地带之一提供了重要证据。贵州拥有大量的古茶树，其中树龄较大的一丛古茶树树龄超过两千年，被誉为"茶王"。贵州已形成了世界面积较大的野生茶树群落，有世界较古老的野生型和栽培型古茶树。截至2024年，贵州有54000余株古茶树，并且有大量的古茶树群落，其中200年以上的古茶树有15万余株，千年以上的古茶树有1万余株。贵州的古茶树包括四球茶等珍稀的古茶树，是宝贵的茶树基因库。同样，四川也拥有丰富的野生茶树资源。四川的野生大茶树主要分布在长江及其上游金沙江沿岸，包括雷波、筠连、珙县、高县、古蔺、叙永、合江、江津、南川、武隆等地。此外，在四川盆地西部边缘的大邑、邛崃以及荥经等地也有分布。四川的野生大茶树一般生长在海拔700米—1500米森林茂密、土壤肥沃、云雾弥漫的山谷间。四川的野生大茶树生物学特征明显，树型高大直立、叶片大、花大且抗寒力较强。在经济性状方面，一些地区的野生大茶树被用来制作边茶。

（三）古代文献记载

中国有世界上较古老且保存较完整的茶文物和有关茶的典籍，中国古代文献如《神农本草经》等，记载了神农尝百草发现茶叶的故事，说明中国人很早就发现了茶并开始利用。中国有茶学专著《茶经》。中国是世界上较早确立"茶"字的字形、字音和字义的国家，现今世界各国的"茶"字及"茶叶"译音大多起源于中国。

（四）茶树遗传多样性

中国西南地区茶树的遗传非常丰富，在中国西南地区，人们可以发现从野生大茶树到人工栽培的各类茶树品种。野生大茶树通常生长在深山密林中，它们未经驯化，保留了茶树较原始的特征。而人工栽培的茶树，经过长期的选育和改良，形成了多样的品种，包括大乔木型、小乔木型和灌木型等，它们在叶片大小、形状、色泽以及茶叶的香气、口感等方面各具特色。中国西南地区是茶树的"基因库"，支持了茶树起源于中国的观点。

（五）茶树驯化和栽培历史

中国西南地区，主要是云南、贵州和四川等地，既是世界上较早发现、利用和栽培茶树的地方，又是世界上较早人工驯化、栽培茶树的地方。

（六）茶树传播

茶树的分布、地质的变迁、气候的变化等的大量资料，也证实中国是茶树原产地这一观点。茶树从中国西南地区起源后，逐渐向其他地区传播。

中国是较早发现和利用茶叶的国家，是世界茶文化的发祥地。"茶树起源于中国"这一观点得到了茶学界的普遍认同。有关文字资料显示，我们的祖先早在3000多年前就已经开始栽培和利用茶树了。至于茶树在中国的具体原产地，茶学者和植物学者从史料记载、野生茶树的分布、茶树的进化、茶树的分布规律以及西南地区的地质特征进行了分析，得出了"茶树较早起源于中国西南地区"这一结论。

三、茶树的演变与传播

"神农尝百草，日遇七十二毒，得茶而解之"。人类较早发现和利用的茶是采自野生茶树的。茶的利用已有几千年的历史。"茶之为饮，发乎神农氏，闻于鲁周公"。

随着茶树从药用发展为饮用，野生茶树已不能满足人们的需求，人们或采茶籽，或掘取野生茶苗进行栽培、种植。四川和云南毗邻，是茶树的原产地。史料记载，茶树较早在四川被栽培。

（一）较早植茶在四川

东晋（317—420年）常璩所著的《华阳国志》是一部地方志，它详细记录了古代中国西南地区的历史、地理、人物等。《华阳国志》记载，周武王克商后分封了巴国。当时，周武王联合四川、云南的部落共同克商之后，巴国将茶作为特产进贡给周王室。这表明，在周朝，巴蜀地区（今陕南、四川一带）的茶叶已经作为珍贵物品被进贡给中央王朝。另外，《华阳国志》记载，西周时期巴地"园有芳蒻、香茗"。由此推断，在公元前1000多年，西南地区已经开始人工栽培茶树了。四川茶树栽培可追溯到西周初年，距今已有3000多年。这充分说明茶的种植与利用在西南地区有着悠久的历史。此外，《华阳国志》还提到了巴蜀地区的一些地名与茶有关，例如南安（今乐山）、武阳（今眉山）等。这些记载不仅反映了当时巴蜀地区茶叶种植的分布情况，也说明了茶叶作为经济作物在地方经济中的重要地位。同时，印证了中国西南地区是茶树原产地之一的观点。

《四川通志》是清代的一部地方志，它详细记载了四川的历史、地理、人物、物产等。《四川通志》记载，公元前53年，雅安人吴理真在蒙顶山（位于四川雅安名山区）驯化并种植了野生茶树，开启了人工种植茶树的历史。我国茶文化专家陈椽1984年著的《茶叶通史》认为，蒙山植茶为我国较早的文字记载。位于蒙顶山的"天下大蒙山"碑是雍正六年（1728年）所立，也是我国植茶较早的证据[①]。

（二）由四川向全国传播

茶树的传播是一段悠久的历史，涉及多个地区和时代。根据史料记

---

① 在第二编中有详细讲述。

载和考古发现，茶树的传播途径之一是由四川地区向陕西地区传播。茶树被移入四川地区后，先向北迁移。从常璩所著的《华阳国志》，王褒《僮约》的"武阳买茶"可以知之。陕西地区是当时西周的政治、文化中心，周武王联合当时四川、云南的部落共同讨纣之后，建立了巴蜀与陕西的联系，茶树随交往的开启而移入陕西地区。秦岭山脉作为屏障，可以抵御寒流，故陕南气候温和，茶树就在陕南扎根。因受气候条件限制，茶树不能再向北传播，只能沿汉水转入东周政治、经济中心——河南，因此茶树又在气候温和的河南南部扎根。因此，茶树在中国的传播，先从四川地区传入当时的政治、文化中心陕西、甘肃一带，但由于受到自然条件的限制，该地区茶树的种植规模和产量可能会受到一定的影响。

秦汉时期，随着国家的统一，各地区经济、文化的交流日渐增多，茶树由四川地区传到长江中下游一带。由于长江中下游一带有利的地理气候条件，茶树在此被广泛种植。秦国统一巴蜀后，饮茶风俗开始向其他地区传播。顾炎武在《日知录》中提到，自秦人取蜀之后，才有了茗饮之事，这表明政治统一对茶文化传播起到了助推的作用。

到了春秋战国时期，随着人口的迁徙和民族的融合，茶树栽培、制作技术及饮用习俗开始从西南地区向陕西、河南等经济、政治、文化中心大面积传播。当时，安徽、山东等都成为政治、经济中心，茶树就再向东迁移。西汉初期，刘邦也是先占据四川地区，后利用巴蜀人力、物力伐楚，最后统一全国。公元2世纪初，从华佗《食论》中可以看出，饮茶之风已普及中国东部。华佗（145—208年）是东汉末年的著名医学家，行医于河南东部、山东西部以及徐州、盐城、扬州等地，华佗在《食论》中说："苦茶久食，益意思。"这句话的大意是，茶叶性味微苦，长期饮用能提升人思维的灵活度，有助于思考。这是历史上较早关于茶叶具有药用价值的记载。由此可知，河南、山东、安徽、江苏等地在公元2世纪时，饮茶就已相当普遍。

到了唐、宋时期，茶叶已经成为人们日常生活中不可或缺的物品。陆羽的《茶经》记载，到唐朝茶树分布除北方少数地区，茶叶产区遍及全国各地，包括四川、陕西、湖南、湖北、福建、江苏、浙江、安徽、河南、广东、广西、云南、贵州等地，达到了有史以来的兴盛阶段，使茶叶从一种地区性的小农产物变成一种全国性的社会经济、社会、文化产物。统治阶级制定了各种制度来控制茶叶的生产、贸易、税收等。自此，茶产业开始作为一种产业逐渐发展起来。

到了宋代，茶树传播范围更广。全国原有各茶区也向邻近地区扩展。宋代，封建统治阶级把一些优质茶园设立为"御茶园"，专供皇室使用。比如，四川雅安蒙顶山茶区、福建崇安武夷山茶区均有"御茶园"。总之，在唐、宋时期，产茶区域已与现代接近。

元、明两代，茶树栽培面积继续扩大。1405—1433年，郑和的航海促进了中国与外界的贸易往来，其中茶叶作为中国的重要商品之一。郑和把茶籽带到了中国台湾去种植，开辟了中国台湾茶区。

明代，云南开始征收茶税，年收7000多两银。这说明，云南的茶树已不是野生的了，而是大规模生长在人工栽培的茶园里。到了清代，茶叶产区进一步扩大。史料记载，在明代云南攸乐山（又名基诺山）茶园面积为4000余亩（1亩约为666.67平方米），到了清代茶园面积增加到了20000余亩。可见，清代的茶园面积在某些地方增长迅速。据估计，清代茶园栽培面积有600万—700万亩，创我国历史新高，与近代茶区相当。

（三）由中国向国外传播

1. 由中国传向日本、朝鲜

中国的茶树较早就传到了日本。茶树向日本传播是茶文化历史上的重要事件之一，它不仅促进了日本茶文化的发展，还影响了日本社会和文化等多个方面的发展。史料记载，茶可能是在唐朝传入日本的。当时，许多日本使节、僧侣和学生来到中国学习和交流，他们将中国的茶文化和茶树种植技术带回了日本。最澄是日本天台宗的创始人，他在唐朝贞元二十年（804年）到中国天台山学佛，并在回国时带回了茶籽，建立了日本较古老的茶园之一——日吉茶园。804年，空海和尚赴长安学习，回国时带了饼茶、茶籽以及制茶和饮茶技艺，对日本茶文化的发展产生了深远影响。荣西是另一位对日本茶文化产生重要影响的僧人。在宋朝时，荣西两次来到中国（1168年、1187年），学习了当时的饮茶方式和制茶技术，并将茶种带回了日本。荣西晚年还撰写了《吃茶养生记》，这是一部日本历史上关于茶叶的专著。

史料记载，茶叶是在6世纪下半叶随着佛教界僧侣的相互往来传入朝鲜半岛的。在朝鲜半岛，新罗国（朝鲜半岛历史上的国家之一）在统一朝鲜半岛后，开始引入中国的饮茶习俗。特别是在唐贞观年间（627—649年），新罗国与中国的交往日益频繁，茶文化也随之传入新罗国。828年，新罗国使者金大廉将茶籽带回朝鲜半岛并种植，这标志着朝鲜半岛的种茶历史开始了。

2. 向东南亚等其他亚洲国家传播

随着海上丝绸之路的建立，中国的茶树向东南亚等其他亚洲国家传播。海上丝绸之路起点在泉州一带，这里在唐代就是著名的海外交通大商港之一，与上百个国家或地区有通商往来。宋、元时期，泉州是我国对外贸易的中心，毗邻泉州的茶叶产地不少，茶从此向东南亚传播。

在英、法等国家资本家的扶持下，越南于1825年、缅甸于1919年开始建立茶园，生产红茶。1731年，印度尼西亚从中国引入大批茶籽，种在爪哇和苏门答腊，自此茶叶生产在印度尼西亚开始发展起来。东南亚国家，如越南、缅甸、印度尼西亚等，如今已成为重要的茶叶生产国，它们茶产业的发展与茶树从中国引入密切相关。

3. 向欧洲传播

欧洲人对茶的了解始于16世纪。通过海上丝绸之路和陆上的贸易路线，茶叶作为商品开始传入欧洲。荷兰是较早将茶叶从亚洲带回欧洲的国家之一。1607年，荷兰东印度公司开始从中国澳门贩运茶叶，并于1610年运达欧洲，成为中西茶叶贸易的先驱。葡萄牙传教士和海员在16世纪通过海路将茶叶带回欧洲。葡萄牙公主凯瑟琳在1662年嫁给英国国王查尔斯二世时，将饮茶习惯带到了英国。英国东印度公司在17世纪开始与中国进行茶叶贸易。到了18世纪，茶叶在英国逐渐流行。随着茶叶贸易的不断扩大，茶在英国社会各阶层中逐渐普及。法国也通过海路进口茶叶，法国传教士和商人在17世纪和18世纪对茶叶的传播起到了一定的推动作用。俄罗斯通过陆路"茶叶之路"从中国进口茶叶，尤其是在明朝和清朝，茶叶开始大量输入俄罗斯，成为俄罗斯文化的一部分。茶树向欧洲的传播是全球化早期的一个例证，它展示了文化和商品如何跨越国界、相互影响并丰富各自社会的生活方式和文化传统。

4. 向美洲传播

17世纪，茶叶通过荷兰传入北美，随后英国殖民者将饮茶习惯带到美洲。1773年，著名的波士顿倾茶事件发生，这是美国独立战争的导火线之一。当时，北美殖民地人民反对英国东印度公司垄断茶叶销售，并抗议英国议会的高额税收，导致东印度公司将茶叶倾倒入海。波士顿倾茶事件是美国独立运动中的一个重要事件，反映了茶叶在美洲的影响力。美国独立后，新的贸易路线开放，使得茶叶可以直接从亚洲进口到美洲，降低了运输成本，提升了茶叶的普及程度。到了19世纪，中国茶叶的传播几乎遍布全球，包括美洲。这一时期，茶叶在美洲变得更加普及，成为日常饮品之一。20世纪初，南美洲开始种植茶树。1920年，日本侨民开始在巴西开园种茶，之后阿根廷也开始种植茶籽。

5. 向非洲传播

茶树向非洲传播主要发生在19世纪，与欧洲殖民者的扩张和贸易活动密切相关。19世纪50年代，东非和南非等地开始种植茶树。这些地区的气候条件较适宜茶树生长，因此这些地区茶产业得以迅速发展。20世纪50年代，中国帮助包括马里、几内亚在内的一些非洲国家发展茶叶生产。这标志着茶树种植在非洲的进一步扩展。19世纪末至20世纪初，茶树被引入肯尼亚、坦桑尼亚等非洲国家。这些地区的茶树种植得到了发展，尤其是肯尼亚，已成为世界上主要的茶叶出口国之一。

到了19世纪，中国茶叶的传播几乎遍及全球。如今，茶已经在全世界50多个国家扎根，茶叶成为风靡全球的三大无酒精饮品之一。20世纪中叶以后，随着全球化进程的加剧，茶树种植和茶文化传播到了更多的国家和地区。截至2024年，全球有60多个国家种植茶叶。茶叶成为全球性的饮料，不同国家和地区发展出了各具特色的茶文化。茶树的国际传播不仅促进了全球茶产业的发展，也丰富了世界文化的多样性。不同国家和地区的茶文化各具特色，已成为当地文化的重要组成部分。

第二章
发 展 脉 络

"神农尝百草，日遇七十二毒，得荼而解之"。这是目前茶文化起源的较早记载。在4700多年前的上古时期，有着中华民族农业和医药始祖之称的神农氏，在尝试各种草药的过程中发现了茶，随后中国人便开启了利用茶的先河。在之后的中华文明史中，"茶"这个元素一直位列其中，与中华五千多年的文化一脉相承，兴衰起伏，绵延不绝。

第一节
唐 宋 以 前

唐宋以前的茶文化是从茶的发现和利用开始的。商周时期可能已经开始使用茶了，但具体记载较少。《华阳国志》记载，西周时期巴国（今陕南、四川一带）已向周王室进贡茶叶。秦汉时期，茶叶种植主要集中在巴蜀地区。随着茶的普及，茶叶贸易开始发展。西汉时期，王褒的《僮约》中提到"烹茶尽具"，说明当时已有专门的饮茶用具。茶在中国逐渐成为社会生活的一部分，不仅在宫廷中被当作饮品，在民间也逐渐流行开来。秦汉时期，随着国家的统一和对外交流的扩大，茶文化开始从原产地向周边地区传播。茶文化在两晋南北朝时期继续发展，茶作为一种文化现象开始受到更多关注。

一、启蒙阶段——秦汉时期

秦汉时期的茶文化是中国茶文化发展的重要启蒙阶段，以下是关于这一时期茶文化发展的一些关键信息。

秦汉时期的文献，例如《诗经》和《华阳国志》等，已有关于茶的记载。《华阳国志》中提到，巴蜀地区（今陕南、四川一带）的茶叶被作为贡品使用。秦汉时期，茶叶主要作为药用，茶叶具有提神醒脑和使思维清晰的功效。东汉时期，华佗在《食经》中提到"苦荼久食，益意思"，表明茶的医学价值已得到认可。茶作为文化现象开始于两晋南北朝时期，但其起源可以追溯到汉代。汉代的文人雅士开始将茶作为饮品，并逐渐形成了饮茶的习俗。汉代，茶叶已成为佛教"坐禅"的专用滋补品，说明茶与宗教活动的联系在汉代就已形成。秦汉时期，茶叶种植主要集中在巴蜀地区。随着茶的普及，茶叶贸易开始发展，例如《僮约》中提到的"武阳买茶"，反映了茶叶市场的形成。西汉时期，王褒在《僮约》中提到"烹茶尽具"，说明当时已有专门的饮茶用具，这是茶文化开始形成的标志之一。汉代的文人如司马相如和扬雄等，不仅在文学作品中提到茶，而且他们本人也与茶结缘，促进了茶文化的发展。秦汉时期，随着国家的统一和对外交流的扩大，茶文化开始从原产地向周边地区传播。这一时期，茶逐渐成为人们社会生活的一部分，不仅在宫廷中被用作饮品，在民间也逐渐流行开来。

秦汉时期的茶文化虽然处于起步阶段，但它为后来茶文化的发展奠定了基础，特别是在种植、加工、饮用以及与宗教和文人的联系等方面。

二、初步兴起——魏晋南北朝时期

魏晋南北朝时期是中国茶文化发展的重要阶段，这一时期的茶文化逐渐兴起。这一时期出现了一些关于茶的文学作品，例如杜育的《荈赋》等，这些文学作品对茶的种植以及煮茶、饮茶等进行了描述。《荈赋》中对茶艺有详细描写，包括选茶、备器、择水、取火、候汤、习茶等程式和技艺，已开始形成。从晋代开始，佛教徒、道教徒与茶结缘，以茶养生，以茶助修行。自此，茶作为一种健康饮品，被赋予了高雅、淳朴的精神力量。这一时期，饮茶不仅是为了提神醒脑，还开始具有社会功能。

魏晋时期，饮茶的方式逐渐进入烹煮阶段，烹煮技巧也开始受到重视。这一时期的茶文化与社会动荡和战乱相交织，同时与儒家、道家以及佛教的精神追求相契合，形成了独特的茶文化。茶俗已经涵盖了种植、采摘、择水、选器、饮用和赏鉴等。茶文化开始从巴蜀地区传播到中原地区和江南地区，茶叶生产区域不断扩大，饮茶习惯也从上层社会逐渐渗透到民间。用茶招待客人成为普遍的礼仪，这反映了茶文化在社会生活中的深远影响。在魏晋时期的玄学思潮中，许多玄学家和清谈家从喜爱美酒转向品茗。

魏晋南北朝时期的茶文化虽然还处于发展的萌芽阶段，但它为后续茶文化的发展和完善奠定了基础，是中国茶文化发展史上的重要时期。

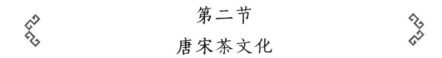

第二节
唐宋茶文化

唐宋时期茶文化得到了空前的发展。在唐代，茶文化开始从文人雅士走向社会各个阶层，成为人们日常生活的组成部分。到了宋代，茶文化更是达到了一个新的高度，成为国饮。唐代的饮茶方式主要是煮茶，茶税在唐代开始征收，唐代陆羽撰写的《茶经》，对茶的种植、制作、饮用等进行了系统总结。到了宋代，点茶法开始流行。茶道和茶艺在宋代得到了极大发展，斗茶和茶百戏等活动在文人中开始流行，成为文人雅士生活中不可或缺的组成部分。宋代，市民阶层对茶的热爱也非常显著，茶成为市民阶层生活中不可或缺的组成部分。唐宋时期，茶具制作技术达到了极高的水平，涌现出许多精美的茶具，如建盏和青瓷等。茶馆、茶楼在宋代城市中非常普遍，成为市民社交、娱乐的重要场所。茶与佛教的结合尤为密切，许多寺庙都有茶礼、茶宴等活动，茶成为禅修的重要媒介。茶文化在唐诗和宋词中得到了广泛的体现，许多诗人和文学家创作了关于茶的佳作。

唐宋时期的茶叶开始远销海外，通过丝绸之路传播到西亚乃至欧洲。唐宋时期的茶文化不仅在中国历史上占有重要地位，而且对后世乃至世界茶文化的发展都产生了深远的影响。

一、中国茶文化兴于唐

唐代是中国封建社会发展的一个高潮，国家经济繁荣、社会稳定，为茶文化的发展创造了良好的环境。茶不仅作为农作物逐渐融入国家的政治、经济和文化等领域，还形成了独特的大唐茶文化。

（一）缘由与体现

第一，经济的繁荣和社会的安定是唐代茶文化兴起的基础。唐代是中国历史上一个经济相对繁荣的时期，国家富强、经济繁荣，为茶文化的蓬勃发展奠定了良好的基础。同时，社会相对安定，人们的生活水平提高，拥有更多的闲暇时间来感受茶文化。第二，宗教的兴起促进了茶文化的发展。唐代佛教盛行，禅宗的崛起使茶与禅修相结合，茶成为禅修的必备饮品，有助于在坐禅时提神醒脑。许多禅宗寺院建于山水之间，这些地方非常适宜茶树生长，因此不少寺院都设有自己的茶园。僧侣们在修行之余，种植、采摘和炒制茶叶，形成了独特的寺院茶文化。第三，陆羽等文人的推崇对茶文化的发展起到了推动作用。陆羽撰写的《茶经》是世界茶学的开山之作，系统总结了茶的种植、制作和品饮等方面的知识，为茶文化的传播奠定了基础。唐代，中国文化空前繁荣，茶不仅被视为一种饮品，更蕴含丰富的精神内涵，因而在文人中得到了广泛的推崇。第四，皇室和贵族的推崇以及贡茶制度的兴起对茶文化的发展产生了深远影响。唐代的皇室和贵族将茶视为社交和文化活动中的必备饮品，常举办茶宴，进一步推动了茶文化的发展。同时，唐代建立了贡茶制度，朝廷对茶叶品质的高度重视以及对名优茶的选拔，促进了茶叶生产技术的进步，推动了茶文化的持续发展。第五，社会经济的开放与对外交流的频繁促进了茶文化的蓬勃发展。长安（今西安）成为当时的国际性大都市，正是在唐代这一对外交流的鼎盛时期，茶文化通过丝绸之路等途径传播到其他地区。这种交流不仅丰富了中国茶文化的内涵，也推动了茶文化的广泛传播，使其在更广阔的范围得以繁荣发展。

这些因素共同作用，使得唐代成为茶文化发展的重要时期，为后世茶文化的发展奠定了坚实的基础。

（二）饮茶方式

唐代的煮茶法是中国茶文化发展史上的一个重要阶段，标志着饮茶方式从粗放走向精细，形成了独特的茶艺。煮茶的流程包括炙茶、碾茶、筛茶、煮水、煮茶、分茶和品茗等。在煮茶之前，煮茶者要先将饼茶放在火上烘烤，使茶香得以散发，待炙好的饼茶冷却后，再将其碾成细米状。随后，用罗筛筛出细腻的茶粉末。煮茶的水需选用优质的山泉水，以确保茶汤的醇厚与清香。这一系列精细的步骤不仅提升了茶的口感，也彰显了唐代茶文化的独特魅力。唐代茶饼如图2-1所示。

图2-1 唐代茶饼

根据陆羽《茶经》中的描述，煮水有三个阶段，即"三沸"。一沸"鱼目气泡"，水开始沸腾，出现细小的气泡，此时可以加入适量的盐调味；二沸"涌泉连珠"，此时用竹筷搅拌，将茶末从中心倒入，并从茶汤中盛出一瓢备用；三沸"腾波鼓浪"，此时可以加入之前盛出的沸水止沸，称为"育其华"，至此即可完成煮茶。然后，将煮好的茶汤均匀地分入各个茶盏中供人饮用。唐代饮茶注重品味，前三碗茶味较好，后两碗则较差，五碗之外，非渴勿饮。

（三）茶具的发展

唐代是中国茶文化发展的重要时期，茶具在这一时期也得到了极大的发展和完善。唐代之前，茶具与食器、酒器混用。到了唐代，随着饮茶风气的盛行，茶具开始专门化，形成了一整套与饮茶有关的器具。

1.煮茶具二十四器

陆羽的《茶经》记载，唐代主要茶具多达二十四器，包括风炉、茶釜、茶则、茶罗、茶勺、茶碗、茶瓯等。

风炉：用于生火煮茶，通常由铜或铁铸成，形似古鼎。

鍑（fù）：即锅，用于煮水烹茶，类似现代的茶釜。

交床：用于支撑鍑，使其稳定地放置在风炉上。

纸囊：用于储藏烤好的饼茶，以保持茶香。

碾：用于将茶饼碾成茶末。

拂末：用于清理碾碎的茶末。

罗合：罗为筛茶末用的细眼筛子，合为存茶末的盒子。

则：用于量取茶末。

夹：用于夹烤茶叶，通常由小青竹制成。

水方：用于贮生水。

漉水囊：用于过滤煮茶之水。

瓢：用于盛水。

竹夹：一种用竹子、桃木、柳木等制作而成的筷子，用于煎茶时环击汤心。

鹾簋（cuó guǐ）：装盐用的小罐子，唐代煮茶有时会加盐去苦增甜。

熟盂：用以贮热水。

碗：品茗的工具，唐代尚越瓷。

畚（běn）：用于收纳茶碗。

扎：用于清洗品茗后的茶具。

涤方：清洗茶具用的盆子。

渣方：用来倾倒废弃物。

巾：用以擦拭器具。

具列：用以陈列茶器。

都篮：饮茶完毕后，用于收贮所有茶具。

夹：一头的一寸有竹节，另一头剖开用来夹茶饼。

2. 茶具材质的多样化

唐代茶具的材质非常丰富，包括金属（金、银、铜等）、陶瓷（越窑青瓷、邢窑白瓷等）、竹木等，这也反映了当时高度发达的工艺美术水平和审美趣味。

陶瓷是唐代茶具的主要材质之一，其中南方的越窑青瓷和北方的邢窑白瓷较为著名，形成了"南青北白"的局面，越窑青瓷以其釉色莹润、器型规整著称，是唐代茶具的典型代表。

邢窑白瓷因其洁白如玉、质地细腻受到人们的喜爱；金银茶具在唐代多被皇室和贵族使用，代表了当时茶具制作的较高水平，法门寺地宫出土的鎏金银茶具，包括茶碾、茶罗、茶匙、茶托等，工艺精湛，造型精美；唐代的茶釜、茶壶等烹茶器具多采用铜铁材质，坚固耐用；竹木材质轻便，易于加工，常用于制作茶夹、茶杓等小型茶具，竹木茶具质朴自然，与茶的清雅气质相得益彰。琉璃（即玻璃）茶具在唐代较为罕见，多被皇室或贵族使用，法门寺出土的琉璃茶盏托，造型简洁大方，代表了唐代琉璃工艺的较高水平；唐代也有使用石器制作的茶具，如石鍑等；漆器茶具在唐代也有一定的使用，漆器茶具以其精美的漆面装饰著称。

唐代茶具的材质多样，既具有实用性，又体现了当时社会的审美趣味和工艺水平。从陶瓷到金银，从竹木到琉璃，许多茶具造型精美，纹饰繁复，各种材质的茶具共同构成了唐代的茶文化。在唐代，茶具不仅是饮茶的工具，也是社会地位和品位的象征。宫廷和贵族使用的茶具往往更为精美。法门寺等唐代遗址出土的茶具（见图2-2至图2-7）现被珍藏于法门寺茶文化博物馆里，为我们了解唐代茶具提供了实物证据，这些茶具精美绝伦，展现了唐代的繁荣和茶文化的发展。唐代的茶具使用具有严格的程序和规范，例如烤茶、碾茶、筛茶、煮茶、分茶等，这也体现了唐代人的饮茶文化。

　　唐代茶具的发展不仅促进了茶文化的形成和发展，也反映了唐代社会的审美趣味和工艺水平。通过唐代茶具，我们可以窥见唐代人们的生活方式和文化追求。

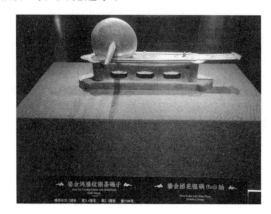

图2-2　碾

图2-3　盐台

图2-4　银龟盒

图2-5　银火箸

图2-6　茶则

图2-7　茶勺

二、中国茶文化盛于宋

宋代是中国茶文化发展的高峰时期，这一时期的茶文化呈现前所未有的繁荣景象。

（一）缘由与体现

宋代社会经济繁荣，城市商业兴旺，为茶文化的发展奠定了物质基础。宋代文人雅士酷爱饮茶，他们将饮茶与文学、书画、音乐等艺术形式相结合，提升了茶文化的艺术品位，同时出现了大量关于茶的专著，例如蔡襄的《茶录》、宋子安的《东溪试茶录》等，这些著作系统总结了茶的种植、制作、品饮等。宋代还有许多茶艺创新，例如点茶、斗茶等，这些新颖的茶艺吸引了更多人关注。宋代的茶具制作达到了极高水平，例如建窑的黑瓷、景德镇的青白瓷等，茶具的艺术性和实用性都得到了提升。宋代皇室对茶文化非常重视，宫廷中经常举办茶宴，皇帝本人也亲自参与茶艺活动。宋徽宗赵佶还专门撰写了茶叶专著《大观茶论》。宋代政府对茶叶征收重税，茶税成为国家财政收入的重要来源，这也从侧面反映了宋代茶产业的繁荣。宋代佛教、道教与茶文化的结合更加紧密，许多寺庙都有自己的茶园，茶成为禅修的重要媒介。宋代茶叶贸易非常繁荣，不仅有国内贸易，还有通过海上丝绸之路运营的国际贸易。

宋代茶馆、茶楼的兴起与发展是中国茶文化史上的重要篇章，也是宋代茶文化盛行的重要原因。宋代是中国商品经济快速发展的时期，宋代城市商业的繁荣为茶馆的兴盛提供了坚实的经济基础。随着城市人口数量的增加，人们对休闲娱乐场所的需求也随之增长，茶馆、茶楼作为新兴的社交场所，满足了人们多样化的消费需求。宋代的茶馆、茶楼具有多重社会功能，除了提供休闲娱乐，它们还是信息交流以及进行商业交易的场所。宋代士大夫阶层的兴起，使得茶文化逐渐成为时尚。宋代，茶馆、茶楼不仅是饮茶的场所，更是人们进行文化交流的重要场所。文人雅士在茶馆里吟诗作画，讨论时政，茶馆成为文化交流的重要场所。茶馆、茶楼也成为市井文化的传播中心。话本小说、词等文艺形式在茶馆中广受欢迎，丰富了人民的文化生活，同时也促进了文学艺术的繁荣发展。宋代茶馆遍布城市的各个角落，从繁华的商业街到幽静的巷弄，茶馆成为人们日常活动的重要场所。无论是文人雅士还是普通市民，都喜欢在茶馆中消磨时光。茶馆、茶楼的兴起也反映了宋代社会阶层的变化。宋代，商人和手工业者的社会地位显著提高，成为茶馆的重要顾客，这反映了宋代社会的开放性与包容性。宋代茶馆与茶楼的兴起与发展，是这一时期经济与文化繁荣的缩影。茶馆与茶楼不仅丰富了人们的文化和生活，还促进了茶文化的兴盛与发展，同时推动了社会文化的交流，对后世产生了深远的影响。

宋代茶文化的兴盛是多种因素共同作用的结果。它不仅受到社会经济和文化艺术的影响，还渗透到人们日常生活和宗教信仰的各个方面，成为中国传统文化的重要组成部分。

（二）饮茶方式

点茶的起源不晚于唐末。到了宋代，点茶得到了广泛的推广和流行。

点茶是中国传统饮茶方式之一，它在宋代极为盛行。点茶常用于宋代的斗茶活动。斗茶是二人或二人以上进行的活动，它不仅是一种比赛，也是一种艺术和身心的享受。

点茶法的流程：候汤、碾茶、罗茶、燲（xié）盏、调膏、注汤、击拂、分茶、斗茶。

宋代是中华文化发展的辉煌时期，也是中华美学基础的奠定阶段。宋代人十分注重生活品质，这种追求在点茶过程中和茶汤呈现中得到了充分体现。准备适宜的热水是宋代茶艺的第一步，宋代人认为"水为茶之母"，因此对水质和火候尤为讲究。宋代茶艺过程如下。第一，用热水预热茶盏，以保障茶汤的温度和香气。第二，将饼茶或团茶研磨成茶粉，宋代特别注重茶粉的细腻程度，宋代茶粉比唐代茶粉更为细腻。第三，使用茶罗（细筛子）筛取碾好的茶粉，确保茶粉足够细腻，能够均匀悬浮在茶汤中。第四，将筛好的茶粉放入预热过的茶盏中，注入少量热水，用茶匙搅拌，使茶粉与水混合成糊状。第五，沿着茶盏边缘缓缓注入热水，同时用茶筅（竹刷子）快速搅动，使茶汤泛起细腻的泡沫。此时，继续用茶筅轻轻击拂茶汤，增加泡沫的丰富度与细腻感。如果多人饮用，需将茶汤均匀分配到各个茶盏中。在品茶过程中，品茶者需细心品鉴茶汤的色泽、香气和味道，欣赏茶汤表面的白色泡沫。此外，宋代还流行斗茶，即比较不同茶汤的品质，其中汤色鲜白、泡沫持久者为胜。

宋代斗茶不仅看茶叶品质的好坏，也评定点茶技艺的高低。评定结果的标准由汤色、汤花、香气、味道四方面的茶汤质量和碾筛茶粉的细腻程度以及注水和击拂技巧的高低构成。

在茶汤质量的评定标准中，对汤色、汤花、香气、味道都有一定的要求。宋代特别重视茶汤的颜色，茶汤以纯白为上，青白次之，黄白又次之。"茶色贵白""以青白胜黄白"。为了黑白分明，所以斗茶喜用黑瓷茶盏。汤花是指茶汤表面形成的白色泡沫。宋代斗茶很重要的评判标准就是咬盏持久，即汤花保持时间较长、紧贴盏沿不散退的为胜。宋代也重视茶叶本身的自然香气，认为好的茶叶，其茶汤自身的香味自然、和美俱足，入盏则馨香四达。好的茶叶茶汤味道醇厚回甘，不好的茶叶茶气中会夹杂着其他物品的味道，甚至会"酸烈而恶"。

在点茶技艺的评定标准中，茶粉的细腻程度以及注水和击拂的技巧都有着严格的要求。宋代的点茶要求茶叶研磨得越细越好，达到粉末状。只有茶粉足够细腻，才能在茶汤中均匀悬浮，形成美丽的汤花。

点茶时注水和击拂的技巧将直接影响茶汤的质量。点茶技艺的高低也是评定茶汤质量的重要标准。

斗茶是宋代品评茶叶质量的一种方式。斗茶通过比较茶的品种、制造、出处、典故和对茶的见解，以及烹茶的用水、水温等，来评定茶叶质量的好坏。宋代的这些斗茶评定标准，体现了当时社会对茶文化的精致追求和高雅品位。通过对茶色、香、味、形等多方面的细致品鉴，宋代人赋予了饮茶极高的审美价值和文化内涵。

（三）茶具的发展

宋代的饮茶方式除了承袭唐代的煎茶法，独特的点茶法也成为宋代茶文化的标志。宋代的茶具包括碾、罗、瓶、盏、筅等十余种器物。其中，筅和匙是直接用于点茶的器具。宋代流行的斗茶文化也影响了茶具的设计，如黑釉茶盏的釉色便与斗茶密切相关。茶具在这一时期也呈现了丰富的多样性和高度的艺术性。宋徽宗赵佶的《大观茶论》、蔡襄的《茶录》、南宋审安老人的《茶具图赞》等对宋代茶具均有描述。

《茶具图赞》是南宋时期审安老人所著的一部茶具图谱。审安老人以拟人的方式为十二种茶具赋予了官职、姓名、字号,并配以赞词,体现了当时对茶具的钟爱和文化意蕴。这十二种茶具被称为"十二先生"。

茶炉(韦鸿胪):象征生火的茶炉,开有四个窗以通风出灰。

赞词:祝融司夏,万物焦烁,火炎昆岗,玉石俱焚,尔无与焉。

茶臼(木待制):用于敲碎饼茶的木制器具。

赞词:上应列宿,万民以济,禀性刚直,摧折强梗。

茶碾(金法曹):金属制成的碾茶工具。

赞词:柔亦不茹,刚亦不吐,圆机运用,一皆有法。

茶磨(石转运):石制的磨茶工具,辗转运行。

赞词:抱坚质,怀直心,啖嚅英华,周行不怠。

茶入(胡员外):由葫芦制成的器具。

赞词:周旋中规而不逾其闲,动静有常而性苦其卓。

筛子(罗枢密):用罗绢制成的筛网,有罗列细密的特征。

赞词:几事不密则害成,今高者抑之,下者扬之。

茶帚(宗从事):用棕丝制成的茶帚,可以拂去茶末。

赞词:孔门高弟,当洒扫应对事之末者,亦所不弃。

盏托(漆雕秘阁):外形美观,有承持茶盏之用。

赞词:危而不持,颠而不扶,则吾斯之未能信。

茶碗(陶宝文):由陶瓷制成的茶碗,有优美的花纹。

赞词:出河滨而无苦窳,经纬之象,刚柔之理。

汤瓶(汤提点):注汤用的汤瓶,提举点检之意。

赞词:养浩然之气,发沸腾之声,中执中之能。

茶筅(竺副帅):用竹制成的茶筅,用于调沸茶汤。

赞词:首阳饿夫,毅谏于兵沸之时,方金鼎扬汤。

茶巾(司职方):由丝织品制成的茶巾,用于清洁茶具。

赞词:互乡之子,圣人犹且与其进,况瑞方质素经纬有理。

宋代点茶法追求茶汤上的白色沫饽,茶色与深色茶盏形成鲜明对比,茶盏以建盏的黑釉盏、兔毫盏等深色茶具较为著名。宋代的茶匙和茶筅通过海上丝绸之路传播到日本，在日本茶道中扮演重要角色。宋代的茶具不仅在功能上满足了当时的饮茶需求，而且在艺术价值和文化价值上也达到了较高的水平，对后世的茶文化和茶具设计产生了深远的影响。

唐宋时期是中国文化以及茶文化发展的鼎盛阶段。这一时期，茶具的材质呈现多样化，设计理念和美学表现也显著不同。唐代茶具的设计和装饰均较为繁复，反映了唐代开放和包容的文化特点；宋代茶具的设计更为简洁、高雅，反映了宋代文人追求自然、平淡、清雅的审美趣味。唐代茶具的艺术价值体现在其丰富的种类和精美的装饰上，金银茶具尤其体现了皇家的奢华；宋代茶具的艺术价值体现在其简洁的造型和精湛的工艺，以及与茶道精神的契合上。

综上所述，宋代茶具与唐代茶具均采用了陶瓷、金属、竹木、玉石、漆器和琉璃等多种材质。然而，宋代茶具与唐代茶具在形制和材质的运用上不仅表现出明显的差异，更在饮茶方式、审美趣味和社会风尚上展现了各自独特的时代特征。

第三节
元明清茶文化

中国茶饮在经历唐宋的高峰之后，又迎来了另一个高潮。明清时期，无论是茶叶的生产与消费，还是茶的品饮，都发生了变革，达到了新的高度。明清时期是中国茶文化发展的一个重要时期，标志着饮茶方式从唐宋时期的煎煮法转变为用沸水冲泡叶茶的方式。

一、元代茶文化

元代茶文化处于唐宋与明清这两个高峰之间，在中国茶文化发展史上具有承上启下的作用，它继承了唐宋时期的茶文化传统，并为明清时期的茶文化发展奠定了基础。元代作为宋明两代的过渡期，虽然历史较短，但饮茶法却进一步走向成熟。元代之前，唐宋时期的饮茶方式较为复杂，多采用香料和茶混合的煎煮法，人们在饮茶时加入葱、姜、盐等香料与茶混煮，到了元代，这种饮茶法逐渐被人们摒弃。元代开始，饮茶方式趋向简化，逐渐出现了一种更为直接的清饮方式，即用沸水冲泡散茶的泡茶法。元代，茶具的种类和形制都有所简化，常用的茶具包括执壶、高足杯、盏、盏托、碗等。在宋代香茶制作的基础上，元代发展了品种多样、完整典型的花茶加工工艺，如用茉莉、木樨、素馨等制成的花茶。元代由蒙古族统治，蒙古族的饮茶习惯与汉族的茶文化相结合，形成了具有蒙古族特色的饮茶方式，如加入酥油、炒米的茶。元代除了继续生产和使用饼茶，散茶也逐渐在茶叶消费中占有一席之地。饼茶的使用主要集中在宫廷贵族中，而散茶的消费则主要见于民间。

尽管元代立国时期短暂，但在中国饮茶史上仍是一个不可忽视的时期。元代的茶文化在继承传统的同时，也进行了创新与发展，特别是在简化饮茶方式和花茶制作工艺方面。元代饮茶方式的革新，为明清时期茶文化的再次创新打下了坚实的基础。

二、明清茶文化

明代是中国历史上一个文化多元、经济繁荣的时期，茶文化在此期间得到了空前的发展。明代的茶文化不仅在技艺上有所创新，还在文化上呈现独特的风格和特点。明代茶文化对中国茶文化的发展具有重要意义。

明太祖朱元璋废团茶改散茶是一项重要的历史事件，它改变了中国茶叶的制作和饮用方式。朱元璋出身底层，深知百姓疾苦。他下诏废除团茶，是为了减轻茶农的劳动负担，让制茶过程更加简便。团茶的制作工艺复杂，需要耗费大量的人力、物力。朱元璋推行散茶，简化了制茶工艺，使茶叶更易于生产和流通。

明太祖朱元璋废团茶改散茶的诏令是在洪武二十四年（1391年）发布的。诏令内容主要包括以下几点。

一是停止团茶制作，朱元璋下令停止制作龙凤团茶，认为这种制茶方式过于烦琐，劳民伤财；二是简化贡茶形式，诏令中提到，建宁地区的茶农可以自由采摘茶叶进贡，官员不得干预；三是定额制度，朱元璋规定天下各产茶区的岁贡都有定额，以避免过度征收；四是推广散茶，废除团茶后，朱元璋提倡使用散茶，即直接采摘的茶叶，简化了制茶和饮茶的过程；五是免除茶农徭役，诏令还特别强调，设置五百户茶农免除徭役，专门从事茶叶的采摘和种植；六是反对官员逼迫和纳赂，朱元璋了解到官员逼迫茶农和茶农因畏惧而纳赂的情况，因此下诏禁止这种行为。

这一诏令不仅减轻了茶农的负担，也推动了散茶的普及，对中国茶文化的发展产生了深远影响。废除团茶后，散茶逐渐成为主流，使更多人能够享受到饮茶的乐趣，推动了饮茶文化的发展。这也促进了饮茶方式的转变，以简代繁成为主流。茶饮从煮茶、点茶逐渐转变为用沸水直接冲泡散茶，这一方法简便快捷，易于普及，同时也使茶叶的香气和味道得到了更好保留和展现。

由于饮茶方式的转变，从传统的煮茶法逐渐转向泡茶法，适合冲泡散茶的茶具层出不穷并沿用至今。这些茶具的艺术化程度非常高，尤其是宜兴紫砂壶。宜兴紫砂壶不仅实用，它的形制和材质也迎合了当时社会的审美需求。明代的茶具种类繁多、造型精美、材质多样，包括陶瓷、紫砂、金银等。

明代的茶叶制造不再先将茶捣碎压饼，而是以散茶原叶为主。在品饮上，明代推崇茶的天然之味，制茶的炒青技术逐渐超过了蒸青技术。这种饮茶方式的便捷化进一步促进了明代茶馆文化的兴起，茶馆不仅成为人们社交和休闲的重要场所，也是文人交流思想、商人洽谈生意的重要场所。

饮茶方式的简化和茶文化的普及，促进了明代茶叶种植面积的进一步扩大，使茶叶种类更加丰富。明代除了绿茶，还发展了黑茶、花茶、青茶（乌龙茶）和红茶等，极大地丰富了茶叶的品类。明太祖朱元璋下令简化贡茶的制作，推动了散茶的普及，并促进了茶叶加工技术的发展。明代的茶叶加工技术日益精细，茶叶的品质也得到了显著提升。

明代的茶文化是中国茶文化发展史上一个重要的里程碑。明太祖朱元璋改团茶为散茶,促进了饮茶方式、茶叶加工、贡茶制度以及茶园面积等的一系列变化。

明代的废团茶改散茶,为中国泡茶史奠定了基础。清代的饮茶方式与明代基本相同,盖碗成为饮茶器具。盖碗在款式繁多的清代茶具中占据重要地位。明代茶叶种类逐渐丰富,随着团茶改为散茶,散茶的生产和加工技术得到了较大发展,炒青绿茶进入全盛时期。清代茶叶品类已经非常齐全,名茶辈出。清代的饮茶方式延续了明代的泡茶法。与明代相比,清代的茶文化更加平民化,即深入平民日常生活的方方面面,茶馆在清代达到鼎盛,成为人们聚会的重要场所。茶事在清代小说中频繁出现,表明当时的茶文化已深入人心。清代,工夫茶道开始形成并兴盛,在中国的广东、福建和台湾等地尤其流行。清代茶叶的出口量在18世纪和19世纪大幅增加,成为中西贸易的主要商品,出口量巨大。但到了清朝后期,随着国外茶叶生产的发展,中国茶叶的出口量开始下降。

明清两代的茶文化各有特色,明代更注重茶的文化内涵和艺术性,而清代则见证了茶文化更加平民化和国际化的过程。

第四节
 《红楼梦》关于茶文化的古今比较研究

一、背景简介

中华茶文化博大精深。从《红楼梦》中贾家茶具与茶事的呈现,可以看出明清时期茶文化发展的兴盛之风。"元宵节看茶席,从妙玉品茶看器与水",体现了中华文化呈现形式的恢宏与精致。中华茶文化的载体,包括茶叶、器具、用水、饮茶方式以及俗事俗语等,经过演变延续至今,反映了中华文化深厚的历史底蕴与绵延不绝的特质。本节基于"红学"研究,将"茶学"部分作为研究对象,对《红楼梦》中言说茶的400多处进行全面分析。最终得出中华茶文化在这本文学巨著中呈现的两个层面：一是"柴米油盐酱醋茶"，体现了茶之"大俗"的广泛性、普遍性与生活性；二是"琴棋书画诗酒茶"，展示了茶之"大雅"的恢宏性、精美性与艺术性。通过对古今茶文化的呈现形式与载体进行分析对比，揭示古今茶文化的差异及其传承与遗失，从而思考以茶载道、传承与弘扬中华文化的方法与途径，我们认为可以将茶文化传播作为树立文化自信的一种有效方式。

《红楼梦》是中国文学史上伟大而复杂的作品，《红楼梦》具有高度的艺术性和思想性。它对清朝时期宫廷和官场的日常运作、封建贵族阶级的日常生活进行了细致描述，对科举制度、婚姻制度、等级制度等封建制度，以及相应的社会统治思想，例如孔孟之道和程朱理学、社会道德观念等，进行了全面展现。《红楼梦》中言说茶的地方有400多处。葛长森（2013）认为，《红楼梦》中写茶的就有200多处，这有待商榷。经查证，《红楼梦》中仅"茶"字就出现了400多次，还有其他"茗"等的表述，可见《红楼梦》中写茶应该不止200多处。

在中国的明清时代，"茶"贯穿了国人日常生活的各个方面。在封建社会中，因其严苛的阶层等级制度，茶俗、茶礼以及茶具和茶品的运用均有所体现。对《红楼梦》中400多处"茶"字进行分析和解读，可以反映中华茶文化"柴米油盐酱醋茶"和"琴棋书画诗酒茶"的大俗与大雅特性。接下来，本节将对《红楼梦》中这400多个"茶"字相关词条进行分类，从七个方面进行详细分析，并开展演化及比较研究。

二、红学与茶学概念阐述及相关研究

红学，即研究《红楼梦》的学问，横跨文学、哲学、史学、经济学、心理学、中医药学等多个学科。茶学是对茶的相关科学和文化的研究。此前，针对《红楼梦》中茶文化的研究论文虽然不少，但大多停留在茶学某一方面的知识或是《红楼梦》中茶相关内容的小范围局部研究，其中研究英译的论文占比较大，而涉及茶叶、器具、用水、饮茶方式、俗事俗语等的系统研究相对较少。

三、基于"茶文化"视角对"红学"中"茶"的研究

对全书400多个"茶"字，运用茶学知识进行深入分析，将其归纳分类为七个方面：茶之品类、茶之用具、茶之用水、茶之饮用方式、茶之健康、茶之俗语和茶之风俗。

（一）茶之品类

现代茶学根据加工工艺的不同和茶树品种的适制性，将中国茶划分为六大基本茶类：绿茶、白茶、黄茶、青茶、红茶和黑茶。中国六大茶类的出现始于清代，而明确六大茶类分类的概念则在现代。《红楼梦》撰写时期尚未形成六大茶类的概念。本阶段对茶品的分析将采用古今结合的方式展开（见表2-1）。

表2-1　《红楼梦》茶品类

序号	章回	内容	寓意与茶学现代解读
1	第8回	"早起沏了一碗枫露茶，三四次才出色。"	枫露茶：为枫露点茶的简称
2	第41回	贾母道："我不吃六安茶。"妙玉笑说："知道，这是老君眉。"刘姥姥便一口吃尽，笑道："好是好，就是淡些，再熬浓些更好了。"	六安茶，绿茶；老君眉，无确切考证
3	第55回	"一个又捧了一碗精致新茶出来"；"不是我们常用茶，原是伺候姑娘的。"	绿茶求新且早期绿茶品优价高
4	第63回	林之孝家……说："该沏些个普洱茶吃。"袭人……说："沏了一盅子女儿茶。"	女儿茶：普洱茶的一种；明代李日华《紫桃轩杂缀》载，泰山附件采青铜芽当饮料，号女儿茶
5	第75回	"昨日他姨娘家送来的好茶面子。"	茶面子：将面粉炒熟，吃时用开水冲调，可加入各种佐料，为非"茶"饮食

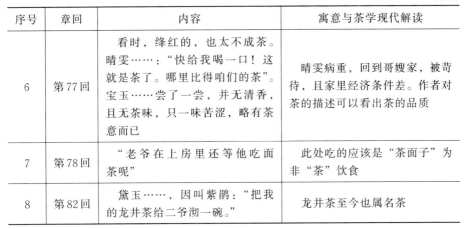

序号	章回	内容	寓意与茶学现代解读
6	第77回	看时，绛红的，也太不成茶。晴雯……："快给我喝一口！这就是茶了。哪里比得咱们的茶"。宝玉……尝了一尝，并无清香，且无茶味，只一味苦涩，略有茶意而已	晴雯病重，回到哥嫂家，被苛待，且家里经济条件差。作者对茶的描述可以看出茶的品质
7	第78回	"老爷在上房里还等他吃面茶呢"	此处吃的应该是"茶面子"为非"茶"饮食
8	第82回	黛玉……，因叫紫鹃："把我的龙井茶给二爷沏一碗。"	龙井茶至今也属名茶

在《红楼梦》第8回中提到的"枫露茶"制作工序烦琐，工艺复杂，属于一种名贵罕见的茶。在"枫露茶"的制作过程中，需要用香枫嫩叶入甑蒸后取露水，即枫露。泡茶时，将枫露滴入茶中，使茶水既带有枫叶的香气，又蕴含露水的清新。何先成（2018）认为"枫露茶"到底为何而种无从考证。查阅大量资料发现，目前对"枫露茶"归属的研究均停留在猜测层面，无法确证其准确茶类。根据现代茶的冲泡技艺，本段对"枫露茶"的描述——"三四次后才出色"与现代泡茶俗语"一道水，二道茶，三道四道是精华"相吻合。

《红楼梦》第41回中提到的六安茶，应为六安瓜片。唐代陆羽的《茶经》已有"六安茶"的记述。六安瓜片产于安徽六安，至今仍为中国十大名茶之一，此名一直沿用至今。六安瓜片一般为一芽三叶的扁茶，相较于老君眉，由于原料更为成熟，苦涩味稍显，茶味比芽茶更浓。贾母品茶的标准与现代名优茶的分析依据相匹配。

老君眉，《红楼梦》（人民文学出版社1985年版）注释：老君眉——湖南洞庭湖君山所产的白毫银针茶，精选嫩芽制成，满布毫毛，香气高爽，其味甘醇，形如长眉，故名"老君眉"。《红楼梦》（人民文学出版社1996年版）注释为"老君眉——福建武夷山所产的岩茶，精选嫩芽制成，香气高爽，其味甘醇，形如长眉，名老君眉"；邓云乡（1984）谈到，"老君眉此名不见《茶谱》，似即珍眉中之极细者，名银毫，乃婺源、屯溪绿茶中之最细者"；清代郭柏苍《闽产录异·货属·茶》载："老君眉

（光泽乌君山前亦产老君眉——原注），叶长味郁，然多伪"；秦沽月（2022）认为，老君眉是福建武夷山的一种岩茶，表明该茶出产在福建武夷山一带，此论断表示老君眉为红茶或乌龙茶的一种。"老君眉"到底是什么茶，现无从考证，但根据刘姥姥吃后表示"味淡"，现代茶名又带"眉"字，可得出老君眉芽叶细嫩似眉。按照现代茶学茶叶品质特征分析，老君眉应为独芽，原料较六安瓜片细嫩珍贵，茶汤鲜爽味更甚，滋味更为清淡，似绿茶或是白茶。

女儿茶，一般指普洱茶的一种。在云南茶区，由于妇女是茶叶生产劳作的主力军，常常把她们炒制的茶称为"女儿茶"，普洱茶在现代依旧是名茶。又一说为泰山附近采青铜芽当饮料，号女儿茶。

龙井茶至今仍是名优绿茶（《红楼梦》第82回），享有色绿、香郁、味甘、形美"四绝"之誉，在清代为贡茶，该茶名一直沿用至今，无歧义。

《红楼梦》中出现的枫露茶、六安茶、老君眉、女儿茶、龙井茶等茶品，除枫露茶，其他均沿用至今。其中，六安茶、龙井等历史名茶亦是今世名茶。茶叶等级与价格好坏的区间极大，古今均如此。现代茶学认为，绿茶求新且早期绿茶品优价高。《红楼梦》第55回表明在明清时期的此种茶类也和现代茶学绿茶一般，茶新而珍，专供姑娘们享用。《红楼梦》第77回，从茶品的高低映射家庭条件，这一段对茶的描述，刻画得淋漓尽致。中国人自古对茶品的讲究，清晰可见。茶品的优劣在体现家庭物质的殷实与匮乏之间深刻对应。除了茶，应该没有哪一种物质能够如此代表中国人的日常。《红楼梦》中在茶叶品级好坏的使用中，晴雯哥嫂家与贾府家情景形成鲜明对比，也是"柴米油盐酱醋茶"的茶之"大俗"的广泛性、普遍性与生活性和"琴棋书画诗酒茶"的茶之"大雅"的恢宏性、精美性与艺术性的深刻体现。

（二）茶之用具

1. 茶用具

《红楼梦》中的茶具有小茶盘、茶槅、茶碗、茶盘、茶杯、大茶盘、小茶碟、茶托等。茶具根据功能与用途的细分，折射了古代茶文化的精细，现代茶艺基本保持了茶具的功能与用途。

古人对茶具的材质以及器型的塑造、制作的工艺等都非常考究。例如，填漆茶具的关键在于填漆的工艺，在漆器表面阴刻出花纹后以色漆填充磨平，对工匠的技艺要求非常高，所以此种茶具非常稀少。匏斝：以"斝"形的模子，套在刚结出的小匏上，促使小匏按照斝形的模子生长，成型以后，再去掉匏里的子，风干后人工修整，便是斝形的匏器了。点犀盉（hé），用犀牛角制成的饮器。绿玉斗，造型为上大下小、单侧或双侧有把手的方形碧玉饮器。《红楼梦》第105回，贾府被抄家时，登记物件中以金银珠宝、绫罗绸缎等贵重物品为主，其中，"茶托二件"，是放在"镀金折盂三对"和"银碟七十六件"两种金银器之间的。可见，此处的"茶托"也属珍贵物品（见表2-2）。小茶盘、茶橱、茶碗、茶盘、茶杯、大茶盘、小茶碟、茶托等，对茶具的称谓沿用至今。

器为茶之父，古今皆是。茶具的搭配以及茶具的精巧与贵重程度也体现在家世中。从茶具中不但可以看出饮茶者的身份地位，还能看出其文化修养。茶具、茶叶使用的不同折射出《红楼梦》中人物的身份、家世与社会地位的不同（见表2-2）。《红楼梦》第41回，妙玉栊翠庵茶具的精致，对茶事的讲究，表现出妙玉身世的不一般；第77回，晴雯病重回家，茶具、茶叶粗陋，反映晴雯哥嫂家的社会阶层和家庭境况。

表2-2　《红楼梦》茶用具

序号	章回	内容	材质、用途
1	第41回	妙玉亲自捧了……小茶盘；里面放一个成窑五彩小盖钟，捧与贾母；然后众人都是一色官窑脱胎填白盖碗	小茶盘：海棠花式雕漆填金云龙献寿。 成窑：明代成化年间官窑所出的瓷器，以五彩者为上。 官窑脱胎填白盖碗：一种名贵的青瓷盖碗。官窑是专为供应宫廷所需而设的窑场；脱胎是指凸印团花，刷以深浅不一的豆青色玛瑙釉，光润明亮，视之若无胎骨

序号	章回	内容	材质、用途
1	第41回	妙玉……瓟斝……递与宝钗，和"点犀盉"……与黛玉，自己常日吃茶的绿玉斗……与宝玉	瓟(bān)，葫芦类一年生爬蔓草本植物，果实长圆形，嫩时可吃；瓟，通匏(páo)，我国古代对葫芦的称呼；斝(jiǎ)，类似于爵的饮器，多为圆体、三足。盉，指碗类器皿
2	第51回	茶槅	指槅子上搁茶具的格子
3	第51回	茶碗	盛放茶水的碗
4	第52回	茶盘 茶杯	茶盘：端茶水或食物的盘子；茶杯：饮茶的杯子
5	第54回	茶吊子	烧水煮茶的壶
6	第63回	大茶盘、小茶碟	盛放茶杯
7	第76回	细茶杯 茶钟	细茶杯：特定的茶杯名称；茶钟：泛指茶杯
8	第77回	"虽有个黑沙吊子，却不像个茶壶。只得桌上去拿了一个碗。"	晴雯病重，回到哥嫂家，被苛待，且家里经济条件较差。从作者的描述中可以看出茶具的拙劣
9	第80回	"茶碗落地，泼了一身一地的茶。"	日常饮茶用具"茶碗"
10	第92回	"黑漆茶盘"	日常盛放物品，此处盛放贵重珠宝
11	第105回	"珍珠十三挂……茶托二件，银碟七十六件……"	茶托：盛放杯子等的小碟子

2. 茶席

明清时期，茶事活动尤其多。《红楼梦》第53回，贾母欢度元宵节时，花厅之上设茶席，贾母使用的是专门的茶几（见表2-3），茶席设炉瓶三事、小盆景、茶盘、茶杯、小茶吊、璎珞、小瓶。接下来的两段文字，描述了茶席上使用的璎珞为世间罕有，价值无限。贾母的茶席设计与其他人的不一样，显现贾母身份的不同。这段表述反映了中国明清时期的茶席布置之精巧，用具之讲究，映射出在中国茶道发展演变过程中，茶席布置元素与现代茶席的布置元素几乎相近。说明，明清时期中国茶席布置元素沿用至今。在所有描写茶席布置、茶艺美学等方面，此段较为精彩。

表 2-3　元宵节贾母花厅茶席布置表

序号	茶席布置元素	使用器具	布席运用方式
1	茶席熏香	炉瓶三事：焚香用具，即一个香炉、一个香盒和一个放香铲等用的瓶子	焚着御赐百合宫香
2	茶席配景	小盆景	点着山石布满青苔，俱是新鲜花卉
3	茶席插花	小瓶	旧窑，点缀着"岁寒三友""玉堂富贵"等新鲜花草
4	茶具	茶杯 小茶吊	旧窑，即仿古窑 什锦，里面泡上等名茶
5	配饰	璎珞	紫檀透雕，嵌着大红纱透绣花花卉并有草字诗词的刺绣陈设品

（三）茶之用水

红楼梦中描述的三处泡茶用水，每一处来源繁复，储存难得，取用美意，过程诗意，制作精巧，成就一瓯精妙的泡茶用水。以此折射出中国古人对自然的解读，对雅致生活的向往，为成就生活的诗情画意，不计功夫成本，向而往之，表明中国古人对自然的崇敬，酷爱生活的积极表现。

"千红一窟"（《红楼梦》第5回）之名实属精妙。古人以仙花灵叶上所带之宿露作为烹茶用水，实属难得，今人难以企及。此处描写是在贾宝玉的太虚幻境中，是否是古人真实用之，无从考证。但即使不是古人真实用之，在此也展示古人对烹茶用水的高标准向往。同时表明，中国古人对"茶"的重视，对茶应用的珍视。

后两段泡茶用水的描写，均来自《红楼梦》第41回《栊翠庵茶品梅

花雪 怡红院劫遇母蝗虫》中妙玉泡茶用水。在茶具中，该回分析了妙玉的茶具精美考究，此两处泡茶用水更是表明妙玉对泡茶用水的讲究（见表2-4）。

表2-4　《红楼梦》泡茶用水

序号	章回	内容	解读
1	第5回	"千红一窟""以仙花灵叶上所带之宿露而烹。"	千红一窟：由于泡茶用水是在仙花灵叶上收集的过夜露珠而得，此处的"千红一窟"不仅指茶名，更应该是冲泡好后茶水的名称，从字面理解更为恰当
2	第41回	贾母接了，又问是什么水。妙玉笑回："是旧年蠲的雨水。"	蠲：通"涓"，清洁。这里是密闭封存使之澄清的意思
3	第41回	妙玉冷笑道："……这是五年前我在玄墓蟠香寺住着，收的梅花上的雪，共得了……花瓮一瓮……埋在地下，今年夏天才开了。"	此处，妙玉邀请宝黛钗三人吃梯己茶。所用之水，与请贾母喝茶的水"旧年蠲的雨水"，有着质的区别。虽然与贾母的茶水亦是陈酿过后的雨水

水为茶之母。此三处泡茶用水的讲究，今人难以企及。但从现代茶学微生物的角度来看，后两种泡茶用水储存时间较长，其健康性有待考究。明朝张大复《梅花草堂笔谈》记载："茶性必发于水，八分之茶，遇十分之水，茶亦十分矣；八分之水，试十分之茶，茶只八分耳。"现代茶艺同时表明，好茶需用好水匹配，才能相得益彰。好水配好茶的论断，古今一致。

（四）茶之饮用方式

《红楼梦》中提到的饮茶方式，酽茶为浓茶，用以提神醒脑和醒酒；茶卤为比酽茶更浓的茶，用以漱口；较为精妙之处为"凉水内新湃的茶"，新汲井水将茶连壶浸在盆内，不时更换，取其凉意，茶汤凉而不冰，此处用"湃"显示中国文字的精妙之处。酽茶、茶卤、湃茶三种饮茶方式，今使用较少，均具有实用性与文化传承价值。

《红楼梦》第80回后，出现了8次"沏茶"，4次"喝茶"，4次"吃茶"；在80回之前，出现了2次"喝茶"，表达相应意思主要是用"吃茶"来表述，出现了66次"吃茶"。第80回以后，出现了79个"茶"字，前80回出现了400多个"茶"字。从这几组数据不难看出，后面40回饮茶方式的表述和"茶"字出现的次数均有明显差距。经分析，应有两个原因：一方面是后面40回贾家开始衰落，"茶"字的出现主要是在"柴米油盐酱醋茶"之生活性饮茶方面，而"琴棋书画诗酒茶"之精神性饮茶机会甚少，使得"茶"字出现的次数明显减少；另一方面，饮茶方式用语习惯表述的不同，以及"茶"字出现次数的明显差距，也说明前后两部分作者的不同（见表2-5）。

表2-5 饮茶方式

序号	章回	内容	方法及寓意
1	第41回	当下贾母等吃过茶，又带了刘姥姥至栊翠庵来。……妙玉听了，忙去烹了茶来	下午茶，下午吃的点心与喝的茶
2	第56回	早有人捧过漱盂茶卤来，漱了口	茶卤指用以漱口的浓酽茶汁
3	第60回	泡茶、炖口好茶来、开火炖茶	各种迎客用茶
4	第62回	史湘云醉酒后……吃"两盏酽茶"	以"酽茶"醒酒
5	第64回	芳官……凉水内新湃的茶	"新汲井水将茶连壶浸在盆内，不时更换，取其凉意"茶汤凉而不冰
6	第72回	"怎么不沏好茶来""新茶沏一碗""吃茶"	沏茶，即泡茶
7	第73回	"吃茶""斟茶""接茶""奉茶""倒茶"	这些用语均沿用至今
8	第76回	烹茶	烹煮茶叶
9	第80回	宝玉正歪在炕上想睡……王一贴……快泡好酽茶来	以"酽茶"提神醒脑

（五）茶之健康

分析表明，酽茶，用以醒酒醒神，较为浓郁。茶卤，浓酽茶汁，是用以漱口的浓茶。

宛晓春（2003），根据现代科学研究发现，茶叶对调节免疫力、抗菌、抗病毒、杀菌、消炎、解毒、抗过敏、抗辐射、抗高血压、抑制酒精吸收、保护肠胃、提神醒脑等具有促进作用。从《红楼梦》的描述中，可以看出明清时期，中国人对于茶的健康作用已经运用到了茶叶解酒、消脂减肥、助消化、提神醒脑等方面，且这些用途沿用至今，身体太弱不宜过量饮茶在文中也有体现。饭后饮茶漱口，有专门的茶卤。今人也在沿用，只是没有如此烦琐，以简便为宜（见表2-6）。

表2-6　茶与健康

序号	章回	内容	解析
1	第2回	浊口臭舌……必须先用清水香茶漱了口才可	以茶清口气
2	第41回	刘姥姥……吃了许多油腻饮食，发渴多喝了几碗茶，不免通泻起来……	茶解腻消食，茶能通便
3	第54回	早有人捧了漱盂茶卤来，漱了口	饭后专用漱口茶
4	第62回	黛玉："你知道我这病，大夫不许我多吃茶"	身体太弱，不适合过量饮茶
5	第63回	宝玉"吃了面，怕停住食""该沏些个普洱茶吃"	茶能消食
6	第67回	秋纹倒了茶来，宝玉漱了一口	漱口专用茶
7	第80回	宝玉困倦……王一贴……快泡好酽茶来	茶能醒神
8	第89回	袭人麝月……小丫头端上漱口茶	漱口专用茶

（六）茶之俗语

在茶的俗语中，表现较多的有三种：泛指日常生活所需、泛指时间、泛指街上的各种铺面。这里的三个"泛指"，表示在中国人的日常俗语中，"茶"字的出现能够代表生活的方方面面（见表2-7）。在以往的研究中，对于俗语研究主要是在外文的翻译中，专门针对茶相关俗语的研究相对甚少。

"要饭要茶""思茶无茶,思水无水""三茶六饭""茶饭也不吃""茶饭不进""茶饭无心""茶汤不进""要茶要水""问茶问水"等关于茶饭、茶水的表达,将茶与水、饭并用,泛指日常生活所需。可见,茶与中国人的日常生活是密不可分的。"半盏茶""一盏茶时""听约两盏茶时""没半盏茶时",用"茶"表述不太确切的时间。中国人少用"酒""饭"或其他事物,来表示时间。"茶"在中国人的概念中,即"雅"也"俗",用于日常表达,既表现文雅,又能泛指生活日常。

在茶俗语的使用中,"茶"出现时没有特定的说法,一个意思多种表述方法且均代表广泛的事物范围,茶俗语表述方式的随意性、使用的广泛性以及寓意表达的生活性,说明茶具有的生活性以及与日常生活密不可分的典型特点。

表 2-7 茶俗语

序号	章回	内容	寓意与解读
1	第 55 回	要饭要茶	泛指日常食物
2	第 58 回	半盏茶	指时间
3	第 61 回	一盏茶时	指时间
4	第 61 回	思茶无茶,思水无水;茶饭也别给	泛指生活所需的食物
5	第 68 回	三茶六饭	泛指日常生活起居
6	第 69 回	茶饭也不吃	泛指不吃不喝
7	第 69 回	茶饭不进	泛指不吃不喝
8	第 72 回	茶饭无心	泛指不吃不喝
9	第 76 回	听约两盏茶时	指时间
10	第 77 回	没半盏茶时	指时间
11	第 79 回	茶汤不进	泛指不吃不喝
12	第 80 回	要茶要水	泛指借口递拿生活所需用品
13	第 83 回	满城里茶坊酒铺儿以及各胡同儿都这样说……	泛指各种商铺

序号	章回	内容	寓意与解读
14	第89回	紫鹃搭讪着问茶问水	泛指各种嘘寒问暖，各种问候
15	第89回	有意糟蹋身子，茶饭无心，每日渐减下来	泛指饮食无心
16	第90回	岫烟红着脸笑谢道："这样说了，叫我不敢不收。"又让了一回茶	泛指客套，客气了一番
17	第94回	每天茶饭，端到面前便吃，不来也不要	泛指生活饮食

（七）茶之风俗

《红楼梦》中茶之风俗贯穿生活的方方面面（见表2-8）。以茶定亲，中国素有"一家女不吃两家茶"的谚语。明代郎瑛《七修类稿》记载："种茶下子不可移植，移植则不复生也，故女子受聘，谓之吃茶。又聘以茶为礼者，见其从一之义。"彭琛（2014）中谈道，古人认为茶树不可移植于别处，所以用茶作为婚嫁聘礼以示对新人婚姻美满长久的祝愿，直到现在，女子接受聘礼谓之吃茶。女子受聘俗谓"吃茶""受茶"，即今"订婚"之意（第25回）。但从现代茶学研究角度分析，在茶树的栽培中移栽、移种是常有之事，茶树亦可存活。

表2-8 茶风俗

序号	章回	内容	寓意与解读
1	第25回	王熙凤调侃打趣黛玉"你既吃了我们家的茶，怎么还不给我们家做媳妇？"	以茶定亲
2	第58回	"有清茶便供一钟茶"	以茶供佛
3	第62回	"奠茶焚纸"	以茶祭祀
4	第62回	"用茶泡了半碗饭"	以茶泡饭
5	第67回	"丰儿端进茶来，袭人欠身道"	客来敬茶
6	第71回	南安太妃和北静王妃来贾府，另献好茶	客来敬茶，客人越尊贵，对茶的品质要求更高

序号	章回	内容	寓意与解读
7	第71回	贾母等大妆迎公侯诰命茶毕更衣	以茶待客
8	第74回	"凤姐忙奉茶"	此处"奉茶"与日常丫鬟"奉茶"不同。此处有以"奉茶"为礼,表"讨好"之意
9	第82回	袭人……道:"妈妈,你乏了,坐坐吃茶罢。"那婆子……道:"我们那里忙呢……"	以茶解乏,以茶舒身舒心
10	第83回	"王太医吃了茶,因提笔先写道:……"	客来敬茶,太医前来给黛玉诊断,敬茶给太医
11	第83回	"复又坐下,让老公吃茶毕,老公辞了出去。"	客来敬茶,宫中管事太监前来,奉茶给太监
12	第84回	"我赶着要了一碟菜,泡茶吃了一碗饭,就过去了。"	以茶泡饭
13	第85回	北静王甚加爱惜,又赏了茶	宫廷王室以"赏茶"作为一种恩赐与奖赏
14	第87回	另三处客来敬茶	客来敬茶
15	第92回	"大家又喝了几杯,摆上饭来。吃毕,喝茶。"	饭后饮茶
16	第97回	"喝了茶,薛姨妈才要叫人告诉宝钗"	日常闲话家常时饮茶
17	第98回	"宝钗……递了茶,贾母叫她坐下"	客来敬茶,晚辈给长辈敬茶
18	第101回	"恰好平儿端上茶来,喝了两口,便出来骑马走了""一叠身又要吃茶"	出门临行前饮茶,到家饮茶
19	第101回	"凤姐……袭人端过茶来""散花寺的姑子大了来了……坐着吃茶""大了吃了茶,到王夫人各房里去请了安""凤姐……带着平儿并许多奴仆来至散花寺……大了……献茶后……"	客来敬茶
20	第118回	王夫人听说李婶娘来,想起还是前次给甄宝玉说了李绮,放定下茶,此后两人结为连理	以茶定亲

"有清茶便供一钟茶"（第58回）"奠茶焚纸"（第62回）"另献好茶"（第71回）"放定下茶"（第118回）"又赏了茶"（第85回），茶作为媒介，被广泛运用在沟通之中。以茶供佛，以茶祭祀，以茶待客，以茶下聘，以茶打赏。

在明清时期，茶水是日常就餐时必不可少的，在没有时间好好地以菜下饭时，就茶泡饭是较方便、快捷的吃饭方式。《红楼梦》中第62回和第84回都出现了"以茶泡饭"的习俗，均是在急切慌忙之中，就茶泡饭以解一时肚饱；第92回和第101回，讲的是饭后饮茶和出门临行前饮茶，到家时饮茶。

中国自古以来便有客来敬茶的礼仪，这不仅是对客人的尊重，也体现主人的修养与礼节。虽然茶俗会受时代发展的影响而改变，但用茶待客的礼仪延续至今，它依然活跃在中国人的日常生活之中，展现中国人生活中一种高尚的美德。《红楼梦》描述的茶俗中"以茶待客"较为常见。无论是达官显贵，还是亲朋好友，均以茶待客，"南安太妃和北静王妃来贾府，另献好茶"（第71回），表明以茶待客时，以好茶招待更为尊重；客来敬茶较为频繁，比如第101回中，连续四次出现"客来敬茶"。

中国自古就有"柴米油盐酱醋茶""琴棋书画诗酒茶"之说，前者指茶之俗，后者指茶之雅，《红楼梦》中对茶俗的描述表明中国茶在明清时期就已经完全融入中国人的生活日常，并延续至今。"柴米油盐酱醋茶"前六种物质是在特定的场景中出现，而茶的风俗到今天依旧延续了明清时代的状况，深入到中国人生活的方方面面，融入中国人日常生活的骨髓中，随处可见。

四、结论

在"红学"中，关于"茶"的研究没有系统且全面地分类与演化。本节针对"红学"中的"茶"展开深入研究，以现代茶学分析视角将《红楼梦》中的"茶"词条划分为七个部分，并进行古今演化对照比较分析，对"红学"研究进行了补充和细化，有利于中国茶文化的分析研究与推广。

习近平主席曾在多种场合谈到了文化自信，他指出："中国有坚定的道路自信、理论自信、制度自信，其本质是建立在5000多年文明传承基础上的文化自信。"中国的茶礼茶俗、茶艺茶道、茶文化精神内涵从古至今已经深入到中国人的骨髓之中，中华五千多年的茶文化与中华五千多年的历史文化一脉相承。中华儒、释（佛）、道的精神内涵，中华历史、文化、艺术、宗教、哲学等方面的精神内核已深入中华茶文化的精神中，并从茶礼茶俗、茶艺茶道中反映并折射出来，可以将其作为传承与弘扬中华文化的方法与途径，以树立中华民族的文化自信，有表象呈现，亦有精神寄托，是一种有效的途径。

第三章
中国茶文化精神内涵

第一节
中国茶道精神源流

茶道精神是茶文化的核心，也是茶文化的灵魂，更是指导茶文化活动的较高原则。茶道精神是儒、释、道三种思想的融合体现，这三种思想在茶道中相互渗透，共同构成了中国茶道独特的精神内涵。

一、概述

中华文化源远流长，是世界文化之一，具有悠久的历史和丰富的内涵。中华五千多年文明未曾中断，一直延续至今。中华文化起源于中原地区，即黄河中下游一带，与埃及、美索不达米亚平原、印度三大古文明大致同时期产生。中华文明亦称华夏文明，是世界上较古老的文明之一。

中华文化的源流是多元的，包含了丰富的历史、哲学、艺术、科学等多个方面的成就，至今仍然对世界文化产生着深远影响。其中，儒、释、道文化在中华传统文化中占据着核心地位，它们相互融合、相互补充，共同塑造了中华民族的精神世界和文化内涵。儒家文化（儒）是中国传统文化的主体，对中国社会的影响深远。儒家文化强调伦理道德和社会秩序，提倡仁爱、礼节、中庸等价值观念，对中国传统社会的礼仪规范和典章制度有着决定性影响。佛教（释）自印度传入中国后，与本土文化相融合，形成了具有中国特色的佛教。佛教强调心性修养和精神净化，提倡慈悲为怀和助人为乐，对中国人的世界观和人生观产生了深远影响。道教（道）是中国本土宗教，主张道法自然，强调人与自然和谐相处，追求身心健康。道教对中国的艺术、文学、医药等领域产生了深远影响。儒、释、道三教并非完全独立的，而是在长期的历史发展中相互影响、相互融合的。儒、释、道共同构成了中国传统文化的基本格局，体现了中国文化的包容性和融合精神。

二、儒、释、道文化与茶道精神内涵的关联

中国茶道精神是儒、释（佛）、道三教合一的产物。儒家的中庸之道、道家的自然无为、佛家的清净禅意，共同构成了中国茶道的精神内涵。儒家文化强调礼仪，茶道中的敬茶、献茶等礼仪体现了对客人的尊重，反映了儒家的道德观念和社会伦理；道家思想强调顺应自然，茶道倡导与自然和谐共生，体现在茶叶的种植、采摘和加工过程中，尊重自然规律；佛家特别是禅宗的影响，使得茶道追求内心的清净和超脱世俗，通过品茶来净化心灵，达到一种超然物外的境界。茶道不仅是饮茶的行为，更是一种艺术和美学的体现。茶道中的茶艺、茶具、茶室等都追求美的体验感。茶道精神也体现在日常生活中，通过品茶来修身养性，把思想升华到富有哲理的境界。历代的茶诗、茶词、茶曲、茶歌等文学作品，也是茶道精神形成和发展的重要组成部分。茶道精神的形成和发展，离不开实际的茶事活动和个人体验感。通过泡茶、品茶的过程，人们能够直接体验和感悟茶道精神。中国茶道精神在传承中不断创新，吸收新的元素，适应时代的变化，形成了多样化的茶艺和饮茶方式。中国茶道精神的形成是一个复杂的过程，它不仅是一种饮茶的艺术，更是一种生活哲学和精神追求。

（一）儒家思想对中国茶道精神的影响

儒家思想对中国茶道精神有着深远的影响。儒家哲学的核心是"中和"，它强调中庸之道、和谐共处以及内心的平和。这些思想在茶道中得

到了体现和弘扬。儒家哲学中的"中和"强调情感的适度表达和行为的恰当控制，这在茶道中体现为追求心态的平和与行为的适度。儒家文化强调礼的重要性，茶道中的礼节和仪式反映了这一思想，例如敬茶、献茶等都体现了对他人的尊重。儒家倡导人与人之间以及人与自然之间的和谐，茶道中的环境布置、茶具选择等都追求和谐之美。儒家认为，个人修养是社会和谐的基础，茶道被视为修身养性的一种方式，通过品茶来培养个人的品德和情操。儒家也倡导节俭和节制，茶道中也体现了这种精神，例如适量饮茶、简朴的茶室布置等。儒家重视诚信，茶道中的真诚交流和对茶的尊重体现了这一美德。儒家的仁爱思想在茶道中体现为对宾客的关怀和对茶的珍爱。儒家思想中有顺应自然的理念，茶道中追求与自然和谐相处，体现在对茶叶的自然生长和加工过程的尊重。儒家倡导静思反省，茶道提供了一个静谧的环境，有助于人们深思和内省。儒家看重教化作用，茶道不仅是品茶的艺术，也是一种寓教于乐的方式，通过茶会等形式传授道德和文化价值。

中国茶道精神是融合了儒家、道家、佛家等多家思想的综合体，但儒家的中和、礼仪、和谐等思想在其中占据了重要地位，对茶道的形成和发展产生了深远影响。

（二）道家思想对中国茶道精神的影响

道家思想对中国茶道精神的影响同样深远，道家哲学强调自然、无为、清净和简约，这些理念在茶道中得到了体现和实践。道家追求顺应自然，茶道中也强调与自然的和谐，体现在对茶叶的种植、采摘和加工过程中尊重自然规律。道家的无为而治思想，在茶道中体现为不强求、不强制，让一切顺其自然，享受茶带来的自然之美。道家倡导内心的清净，茶道通过品茶的过程帮助人们净化心灵，达到一种超脱世俗的境界。

道家倡导简朴生活，茶道中也体现了简约之美，无论是茶具的选择还是茶室的布置，都追求简单而不失雅致。道家追求淡泊名利，茶道中通过品茶来培养淡泊的人生态度，倡导内心的宁静和满足。道家注重养生之道，茶道认为饮茶有助于身心健康，是一种养生的方式。道家追求人与自然、人与社会的和谐，茶道通过茶会等形式促进人与人之间的和谐相处。道家倡导静坐冥想，茶道提供了一个静谧的环境，有助于人们进行深思和内省。道家认为，万物皆有自然规律，茶道中也体现了顺应自然规律，不违背茶的本性和特性。道家强调内在修养和自我完善，茶道通过品茶的过程来提升个人的内在品质。

道家思想的这些元素与中国茶道精神相结合，形成了一种独特的文化现象。在茶道实践中，人们通过品茶来体验和实践道家的哲学思想，从而达到身心的和谐与平衡。

（三）佛家思想对茶道精神的影响

佛家思想对中国茶道精神有着深刻的影响，特别是在禅宗的发展过程中，茶与禅的结合形成了独特的茶道文化。所谓"禅茶一味"，禅宗强调直指人心，见性成佛，而茶道则通过品茶的过程来体验和实践这一思想，追求心与茶的合一。佛家修行强调内心的清净和对世俗的超脱，茶道也倡导通过品茶来净化心灵，达到一种超然物外的境界。佛家倡导简朴生活，反对奢侈浪费，茶道中也体现了简约之美，无论是茶具的选择还是茶室的布置，都追求简单而不失雅致。佛家修行中强调坐禅，茶道中的静坐品茶有助于修行者达到内心的平静和清明。佛家中的无我观念在茶道中体现为放下自我，通过品茶来体验无我之境。佛家强调活在当下，茶道亦倡导在品茶过程中全神贯注，体验每一时刻的茶香和心境。佛家的慈悲为怀在茶道中体现为对茶、对客人、对自然的关爱和尊重。佛家讲求中道，避免极端，茶道中也追求平衡和谐，既不过于简朴也不过于奢华。佛家倡导顺应自然，茶道中也强调与自然和谐共生，体现在对茶叶的自然生长和加工过程的尊重。佛家追求悟性，茶道通过品茶的过程来启发悟性，达到心灵的觉醒。

佛家思想的这些元素与中国茶道精神相结合，形成了一种独特的文化现象。在茶道实践中，人们通过品茶来体验和实践佛家的哲学思想，从而达到身心的和谐与平衡。

第二节
中国茶道精神内涵

一、中国茶道精神的形成

唐代以前，中国茶道虽然尚未形成完整的体系，但其精神内涵已经开始影响人们的日常生活和文化实践，为唐代茶道的繁荣奠定了基础。唐代和宋代是中国茶文化发展的两个重要时期，它们在茶道精神上各有特点，体现了不同时代的文化风貌和社会风尚。

唐代是茶道文化的草创时期，茶道作为一种文化现象开始形成。唐代人饮茶以煎茶为主，注重茶的烹煮技艺。茶道与儒、释（佛）、道三教思想结合，体现了一种追求内心平和与自我修养的生活方式。陆羽的《茶经》对茶的采摘、制作、饮用等进行了系统化总结，提升了茶艺的科学性和艺术性。唐代茶道强调通过饮茶达到精神上的净化和提升，有修行悟道的意味。

中国茶道精神的形成是一个长期的历史发展过程，它深受儒、释、道等中国传统文化思想的影响。唐代是中国茶文化发展的重要时期，茶道精神在这个时期得到了显著的发展和完善。这一时期，中国茶道开始广泛传播，茶逐渐成为人们日常生活中不可或缺的组成部分，特别是在文人雅士和佛教僧侣中。茶与佛教修行紧密相连，佛教僧侣坐禅时饮茶以驱除困意，帮助冥想，因此茶与禅宗的修行理念相结合，形成了"茶禅一味"的文化现象。茶道不仅演变为一种饮茶习俗，更是一种艺术形式。茶道融合了儒、释、道三教的哲学思想，追求心性与自然的和谐合一，以及儒家积极入世的思想；也强调通过饮茶来修身养性，达到内心的平静和清明，这与道家内省修行的思想相契合。同时，茶道中融入了儒家的礼仪文化，茶宴和茶会中有一定的礼节和仪式，充分体现了对人的尊重。

陆羽的《茶经》第一次全面总结了唐代以前有关茶叶各方面的经验，也昭示着从唐代开始，中国的茶饮从生活性上升到了艺术性。《茶经》的问世标志着中华茶文化正式形成。陆羽创导的"煮茶法"是中国茶道、茶艺的典范，对后世的茶艺实践影响深远。《茶经》中详细列举了煮饮用具二十四器，为茶具和茶器的发展提供了系统的理论基础，论述了茶的采摘、制作、煎煮和品饮等各个环节，体现了人们对茶艺的追求。同时，《茶经》对茶的自然科学属性进行了研究，例如茶具与水对茶汤质量的影响等。《茶经》系统总结了唐代中期以前的茶叶发展、生产、加工、品饮等方面的知识，深入发掘了饮茶的文化内涵。《茶经》提出了"精行俭德"的茶道精神，强调了茶具有修身养性的功能，将饮茶作为一种精神修养和道德实践。

到了唐代，茶道不仅是个人修养的方式，也具有社会功能，例如茶宴和茶会是社交和文化交流的场所。同时，人们追求茶的色、香、味以及饮茶环境的美感，体现了人们对美的追求。

中华茶文化兴于唐盛于宋，茶道精神也是在唐代得以凝练、深化、弘扬的，是中国茶文化精神内涵形成的重要时期。

宋代茶道在唐代的基础上进一步发展，形成了更为精致和系统化的茶文化。宋代的点茶，用茶粉和热水调和，更注重茶的色泽和香气。宋徽宗在《大观茶论》中提出清、和、澹、静的茶道思想，强调品茶的精神境界。

唐代茶道的形成与当时的社会稳定、经济繁荣有关，且唐代茶道多在皇室贵族、达官显贵、文人墨客中流行，而宋代茶文化"飞入了寻常百姓家"，茶道的发展也受到了更为丰富的文化艺术氛围影响。唐代的煎茶法注重茶的烹煮技艺，宋代的点茶法则更注重茶的色泽和香气，反映了两个时代对茶的不同追求。唐代茶道融合了儒、释、道的哲学思想，宋代茶道则在此基础上进一步与诗词书画等艺术相结合，更注重清雅传统美学的表现，体现了更为丰富的文化内涵。

唐代茶道更多地被视为一种修行和个人修养的方式，茶会茶宴也更多地在皇室贵族、达官显贵、文人墨客中流行，而宋代茶道则在普通百姓的社交功能上更为突出，茶馆成为社交和文化交流的重要场所。

唐宋时期，是中华文化形成的重要时期，也是中华茶道精神从草创到形成体系的重要阶段，对后世茶道精神内涵的形成起到重要作用。

明代初期，明太祖朱元璋下令简化贡茶的制作，提倡使用散茶代替繁复的团饼茶，这反映了一种简约朴素的美学追求。随着制茶技术的进步和茶类多样化的发展，明代的茶道更加注重茶的品鉴和泡茶技艺，追求精致的生活。明代的茶具，尤其是宜兴紫砂壶的兴起，提升了人们对茶具美学的追求，茶具不仅是饮茶的工具，也成为供欣赏和收藏的艺术品。明代的茶道更是普及到了民间，成为普通人日常生活的组成部分。普通百姓也将饮茶视为一种艺术化活动，注重茶的色、香、味以及泡茶、饮茶的环境和氛围。明代，茶道精神的演化更加简约、清和、精致。

二、中国茶道精神

（一）陆羽提出的"精行俭德"

在《茶经》中，陆羽提出了"精行俭德"这一茶道精神，其原文如下："茶之为用，味至寒，为饮，最宜精行俭德之人。"这句话的意思是，茶因其性寒凉，较适合那些行事专一、品德节俭的人饮用。这里的"精行"指的是行事专一、不旁骛，"俭德"则指品德上的节俭、不奢侈。陆羽认为，茶的这种特性与精行俭德之人的品德相契合。此外，在《茶经》中，陆羽还进一步阐述了茶的品性与俭德的关系，即"茶性俭，不宜广"茶的本性是内敛淡泊的，不宜多加水，否则味道就会变得淡薄，就像满满一碗茶，喝了一半后，味道就会变差，更何况是多加了水呢。这里陆羽再次强调了茶的"俭"性，与"精行俭德"的茶道精神相呼应。

"精行俭德"是陆羽在《茶经》中提出的茶道精神的核心，强调了茶人应具备的品德和行为，体现了茶与茶道精神的和谐统一。

（二）宋徽宗赵佶《大观茶论》中提出"清、和、澹、静"

《大观茶论》是宋代皇帝赵佶著的一部关于茶的专著，它详细论述了北宋时期蒸青团茶的产地、采制、烹试、品质、斗茶风尚等，并对品茶的哲学和艺术进行了深入探讨。在《大观茶论》中，宋徽宗赵佶提出了"清、和、澹、静"的茶道精神，其原文描述如下："至若茶之为物，擅瓯闽之秀气，钟山川之灵禀，祛襟涤滞，致清导和，则非庸人孺子可得而知矣。冲澹闲洁，韵高致静。"这段话的意思是，茶这种物品，拥有瓯闽地区山川的灵气，能够清除人们心中的烦闷，引导人们达到清雅和谐的状态。这种状态不是普通人能够理解的。茶的内在淡泊和外在的高洁韵致，能够引导人们达到内心的宁静。这四个字强调了人们在品茶时应有的心态和环境，以及茶道对于个人修养的重要性。"清"指茶的清澈透明，也指品茶环境的清洁，以及品茶人内心的清净。"清"是品茶的基础，只有茶汤清澈，环境清洁，心境清明，才能更好地品茶的真味。"和"代表和谐，包括茶与水的和谐，茶具与茶的和谐，以及品茶人与环境的和谐。"和"是茶道追求的一种平衡状态，通过和谐达到身心的愉悦。"澹"即淡泊，指品茶时的淡定从容，不急不躁，体现了一种超脱世俗的心境。"澹"也是对茶味的一种描述，即茶味要清淡适中，不过于浓烈。"静"指品茶时应保持的宁静状态，静心品味，静思冥想。"静"是达到心灵净化和自我反思的重要条件。通过"静"，人们可以达到身心的平和与安宁。这四个字共同构成了赵佶对茶道精神的理解和追求，体现了宋代文人雅士对品茶艺术的深刻认识和高雅的生活情趣。通过"清、和、澹、静"的实践，茶道能够修身养性、陶冶情操。

（三）庄晚芳提出的"廉、美、和、敬"

庄晚芳是中国现代茶文化的重要推动者之一，他提出了"廉、美、和、敬"的中国茶德，这四个字概括了茶道的核心价值和精神追求。"廉"指的是清廉、朴素，不追求奢侈和浪费。在茶道中，"廉"体现了一种淡泊名利、知足常乐的生活态度，倡导人们在饮茶过程中修身养性，追求内心的平和与满足。"美"代表的是审美和美好。在茶道中，"美"

不仅指茶本身的色、香、味、形之美，也包括饮茶环境的布置、茶具的选择、泡茶技艺的展示等，体现了对美好生活的追求和对美的感受与欣赏。"和"强调的是和谐、和睦。"和"在茶道中体现为人与人之间的和睦相处，以及人与自然、社会的和谐共生。饮茶能够促进人与人之间的交流与理解，使人达到心灵上的和谐与平衡。"敬"代表的是尊重和敬意。在茶道中，"敬"体现在对茶的尊敬、对泡茶人的尊敬以及对饮茶伙伴的尊敬。恭敬的礼仪和行为能够表达人们对茶文化和他人的敬意。

庄晚芳的"廉、美、和、敬"中国茶德，是对传统茶道精神的继承和发展，它不仅涵盖了茶道的物质层面，更强调了精神层面的修养和追求。这一精神在当代茶文化中仍具有重要的指导意义，引导人们在饮茶过程中修身养性，追求和谐美好的生活。

（四）中国台湾中华茶艺协会"清、敬、怡、真"

中国台湾中华茶艺协会提出的"清、敬、怡、真"是茶道精神的另一种表述，这四个字分别代表了茶艺实践中的四个核心理念。"清"（清净）指的是环境的清洁和心灵的清净。在茶艺中，清洁的环境是基本要求，而心灵的清净则是指在饮茶过程中追求内心的平静和净化，通过品茶达到一种超脱世俗纷扰的境界。"敬"（尊敬）代表对茶、对饮茶伙伴以及对整个茶艺过程的尊重。"敬"是茶艺中礼仪的重要组成部分，体现了人与人之间的相互尊重。"怡"（怡情）强调通过茶艺活动来愉悦心情，享受生活。怡情不仅指享受茶的美味，还包括享受整个饮茶过程中的愉悦，例如茶香、茶色、茶味以及与友人共饮的欢乐。"真"（真诚）指的是在茶艺实践中追求真诚和真实。真诚地对待每一次泡茶和饮茶，真实地体验和表达个人的感受，不造作、不虚伪，体现一种本真的生活态度。

"清、敬、怡、真"共同构成了中国台湾中华茶艺协会对茶道精神的概括，茶艺不仅是一种饮茶的艺术，更是一种修养精神的方式。通过"清、敬、怡、真"的实践，茶艺成为连接人与自然、人与人之间和谐相处的桥梁，也是个人内心世界的一种外在表达。

三、中国茶道精神的特点

从古至今，中华茶文化与中华传统文化一脉相承。在中华五千多年的历史进程中，茶文化不断深化、凝练，以茶为载体，逐渐形成了与中国的民族精神、民族性格、民族文化一致的中国茶道精神。但是，从古至今对中国茶道精神特点的总结各有千秋。目前，中国茶道精神内涵及其特点的概况均没有定论。此外，综合从古至今茶道精神的演变过程以及不同朝代不同人群的总结，我们提炼了中国茶道精神的几个主要内容。中国茶道精神是茶文化的核心，中国茶道精神融合了中国传统文化的精髓，尤其是儒家、道家和佛家的思想。中国茶道精神包括但不限于以下方面。

和，茶道中"和"的理念强调人与自然、人与社会、人与人之间的和谐统一。在饮茶过程中，人们大多追求心境的平和与环境的协调。茶道强调人与人、人与自然之间的和谐相处，体现了儒家的中庸之道。在茶道中，和谐体现在茶与水、茶与器、泡茶人与饮茶人之间的协调。

清，代表着茶道中的清洁、清静和清雅。它要求茶具、环境的清洁以及饮茶者心灵的清净。茶道追求内心的清净和外在环境的清洁，象征着人的品质和生活的简约。

怡，是指通过饮茶得到的心灵上的满足。茶道不仅是指品茶的过程，也是一种享受生活、修身养性的方式。人们通过品茶的过程来修身养性，达到心情愉悦和精神上的满足。

真，在茶道中强调真诚和本真。无论是对待茶、对待他人还是对待自我，我们都应保持真诚。茶道倡导真诚待人，追求事物的本质。

静，茶道中的静坐、静思有助于净化心灵，使人达到内心的平和。在品茶时，追求一种超脱世俗纷扰，达到心灵宁静的状态。

敬，在茶道中，"敬"体现为对茶的尊重、对泡茶人的尊重以及对饮茶人的尊重。恭敬的礼仪和行为能够表达人们对茶文化和他人的尊敬。茶道中对茶、对客人、对自然的尊敬体现为一种饮茶礼仪。

美，茶道追求茶的色、香、味以及饮茶环境的美感。

俭，茶道倡导的"俭"是简约朴素，反对奢侈浪费。在饮茶和生活中，追求简单自然，反对过度装饰。茶道倡导简朴自然的生活方式，反对奢侈浪费。在饮茶和生活中，追求简单自然。

让，茶道中的相互礼让体现了一种高尚的人格魅力。中国茶道精神内涵丰富，包含了中华优秀传统文化的精髓内涵，借品茗追求自然，倡导和谐，以达清净、廉洁、求真、求美的高雅境界。

第四章
中国茶文化表现形式

第一节
基 础 茶 艺 [①]

茶艺中茶席的布置根据对弃水处理方法的不同，通常可以分为干泡法和湿泡法。干泡法，茶席上需要设有茶盘和茶海；湿泡法，仅需在茶席上设茶船（茶船具备盛放弃水的作用），其他器具不变。

一、玻璃杯绿茶茶艺

（一）器具

1. 主泡器

玻璃杯：用来沏泡茶叶和品饮的三只器具。

2. 辅助用具

茶船：盛放泡茶过程中弃水的器具，兼具茶盘和茶海的作用。湿泡台选用。

茶盘以及茶海：茶盘作为盛放主泡器，茶海用于盛放弃水。干泡台选用。

---

① 三套基础茶艺解说根据网络资料整理所得。

以上二者选一即可。

水壶：可选用随手泡，亦可选用不具备烧水功能的一般水壶，如瓷壶或玻璃壶等。冲泡绿茶一般需要凉汤，不能用刚刚煮沸的水冲泡。

其他辅助用具包括茶道组、茶巾、茶叶罐、茶荷、奉茶盘等。

（二）用玻璃杯冲泡绿茶的操作

1. 基本程序

用玻璃杯冲泡绿茶茶艺的基本程序：焚香—温杯—凉汤—置茶—投茶—润茶—冲水—奉茶—观色—闻香—品茶—谢茶。

2. 玻璃杯绿茶茶艺操作步骤和解说词

（1）焚香。

焚香除妄念。

操作：提前准备好香具，点燃香，放入香炉，让香气弥漫开来，为品茶营造一个宁静、祥和的氛围。随后，将双手擦拭干净，为茶艺操作做好准备。在进行茶艺操作前，须净手，手不能沾染其他味道，以免影响茶叶的香气。

解说：俗话说，泡茶可修身养性，品茶如品味人生。古今品茶都讲究平心静气。"焚香除妄念"就是指通过点燃香，来营造一个祥和、肃穆的品茶氛围。

（2）温杯。

冰心去凡尘。

操作：往玻璃杯中注入约1/3的热水，逆时针旋转一圈，水和杯壁尽量接触，以达到烫洗玻璃杯的目的。

解说：茶，至清至洁，是天涵地育的灵物，泡茶要求所用的器具必须至清至洁。"冰心去凡尘"就是用开水再烫一遍干净的玻璃杯，使茶杯一尘不染。这既是对客人的欢迎和尊重，也有利于冲泡过程中茶叶中有机物质的析出，使茶较大限度地挥发香气。

（3）凉汤。

玉壶养太和。

操作：冲泡名优绿茶，水温在80—90℃即可，凉汤即是揭开烧水壶，让热水的热气散失一些，以降低泡茶时的温度。

解说：由于名优绿茶属于芽茶类，茶芽细嫩，若用100℃的开水直接冲泡，会破坏茶芽中的维生素等，并造成熟汤失味。所以，要凉汤，这样泡茶不温不火，恰到好处，使泡出的茶汤色、香、味俱佳。

（4）置茶。

仙茗露仙容。

操作：赏茶这一步骤很重要，可以观察干茶的色、香、味、形。将茶叶从茶叶罐中取出至茶荷中，双手拿起茶荷向宾客展示干茶，供宾客欣赏。

解说：评茶四步骤，首先是赏干茶。将茶叶拨入茶荷中，可以使宾客更好地欣赏干茶。例如，泡茶人可以说："今天为大家冲泡的是四川雅安的蒙顶甘露"（介绍茶叶的名称、外观、特性等）。

（5）投茶。

清宫迎佳人。

操作：一手拿起茶荷，一手取茶匙，将茶叶用茶匙从茶荷中拨入玻璃杯中。茶叶约3克，注意每一杯茶叶用量要均匀。

解说：苏东坡作诗："戏作小诗君勿笑，从来佳茗似佳人。""清宫迎佳人"就是用茶匙将茶叶投入玻璃杯中。

（6）润茶。

甘露润莲心。

操作：提起水壶，逆时针旋转，沿水线均匀地向玻璃杯中注入约1/3的开水，以起到润茶的作用；随后，拿起玻璃杯轻摇三圈，让茶叶和水充分接触。

解说：好的绿茶外观如莲心，乾隆皇帝把润茶称为"润莲心"。"甘露润莲心"就是在开泡前先向杯中注入少许热水，促使茶芽舒展，起到润茶的作用。

（7）冲水。

碧玉沉清江。

操作：提起水壶，采用"凤凰三点头"的手法向玻璃杯中注入七分满的水量。

解说：冲泡绿茶讲究高冲水，在冲水时水壶有节奏地三起三落，茶叶在杯中上下翻动，促使茶汤均匀，又好比是凤凰向宾客点头致意，蕴涵着三鞠躬的礼仪。

杯中的热水如春波荡漾，在热水的浸泡下，茶芽慢慢地舒展开来，尖尖的叶芽如枪，展开的叶片如旗。在品茶前先观赏茶芽在玻璃杯清碧澄净的茶水中随波晃动的形态，好像有生命的绿精灵在舞蹈，十分生动有趣。

冲入热水后，茶先是浮在水面上，而后慢慢沉入杯底，我们称之为"碧玉沉清江"。

（8）奉茶。

观音捧玉瓶。

操作：双手捧起泡好茶的玻璃杯，面带微笑，举起茶杯同时行点头礼，从右到左将沏好的茶敬奉给嘉宾，并行伸掌礼。最后一杯茶留给自己，以引导茶客品鉴。

解说：传说，观音菩萨常捧着一个白玉净瓶，净瓶中的甘露可消灾祛病，救苦救难。茶艺服务人员把泡好的香茗敬奉给客人，我们称为"观音捧玉瓶"，意在祝福茶客一生平安。

（9）观色。

绿野觅仙踪。

操作：双手捧起玻璃杯，举至与眼睛齐平的位置，观察和欣赏茶汤的颜色。

解说：名优绿茶汤色一般呈黄绿色。

（10）闻香。

慧心悟茶香。

操作：双手捧起玻璃杯，靠近鼻翼，细闻茶叶的清香。

解说：品绿茶要一看、二闻、三品，在欣赏"春波展旗枪"之后，还要闻一闻茶香。绿茶甜香浓郁，与花茶、乌龙茶不同，它的茶香更加清幽淡雅，茶客必须用心去感悟，才能闻到绿茶中春天的气息以及清醇悠远、难以言传的生命之香。

（11）品茶。

淡中品滋味。

操作：双手捧起茶杯，一为尝，二为回，三为品。细细品鉴茶汤，将茶汤吸入口中，充分感受茶汤的滋味。

解说：名优绿茶茶汤甘醇鲜爽，它不像红茶那样浓艳醇厚，也不像乌龙茶那样沁香醉人。只要茶客用心去品，就一定能从淡淡的茶香中品出天地间至清、至醇、至真、至美的韵味。名优绿茶清纯甘鲜，淡而有味。

（12）谢茶。

自斟乐无穷。

操作：泡茶品茗结束，向茶客行谢茶礼。

解说：品茶有三乐，即独品得神、对品得趣、众品得慧。在众人相聚品茶时，大家相互沟通、相互启迪，以茶结缘、以茶会友。通过茶事活动，大家可以修身养性，品人生的无穷乐趣。

二、盖碗花茶茶艺

（一）器具

1. 主泡器

盖碗：用来冲泡茶叶的器具。

2. 辅助用具

茶船：用于盛放泡茶过程中弃水的器具，兼具茶盘和茶海的功能。湿泡台选用。

茶盘和茶海：茶盘用于盛放主泡器，茶海用于盛放弃水。干泡台选用。

以上二者选一即可。

水壶：可以选择随手泡，也可以使用不具备烧水功能的一般水壶，例如瓷壶或玻璃壶等。冲泡绿茶时，通常需要有凉汤的过程，不能直接使用刚煮沸的水。

品茗杯：用于品茗的器具。

公道杯：用于匀汤的器具。

其他辅助用具包括茶道组、茶巾、茶叶罐、茶荷、奉茶盘、壶承、杯垫、盖置等。

（二）用盖碗器具冲泡花茶的操作

1.基本程序

花茶盖碗茶艺的基本程序：备具—温杯—赏茶—投茶—润茶—摇香—冲泡—分茶—敬茶—品茶—回味—谢茶。

2.花茶茶艺的操作步骤和解说词

（1）备具（见图4-1）。

图4-1 备具

操作：将茶桌上的器具摆放适当，以便于操作。茶壶的嘴始终要对着沏泡者或后面，不能对着宾客。将品茗杯翻转备用。

解说：花茶是一种如诗般的茶，它将茶的韵味与花的香气融为一体，通过"引花香，增茶味"，使花香与茶味珠联璧合，相得益彰。

（2）温杯（见图4-2）。

图 4-2　温杯

操作：一手提起水壶，一手揭开盖碗的盖子（盖子的方向应能挡住注水时飞溅的水珠，以免烫伤客人）。用回旋的手法向杯中注入约 1/3 的开水，然后放下水壶，盖好碗盖。接着用一只手拿起盖碗，另一只手放在盖钮上，摇动杯身，让开水与杯壁尽可能多地接触，使杯子迅速提温。

解说："竹外桃花三两枝，春江水暖鸭先知"是苏轼的一句名诗。苏轼不仅是一位多才多艺的大文豪，也是一位至情至性的茶人。我们借助苏轼的这句诗来描述烫杯。请各位贵宾看一看，在茶盘中经过开水烫洗之后，冒着热气的、洁白如玉的茶杯，像不像一只只在春江中游泳的小鸭子？

（3）赏茶（见图 4-3）。

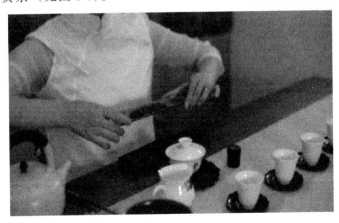

图 4-3　赏茶

操作：用茶则从茶叶罐中取出适量的茶叶，放在茶荷里。然后用双手拿起茶荷，向客人示茶。

解说：我们称赏茶为"香花绿叶相扶持"。赏茶也称为"目品"。"目品"是花茶三品（目品、鼻品、口品）中的第一品，目的是观察花茶茶坯的质量，主要包括茶坯的品种、工艺和细嫩程度。今天请大家品尝的是特级茉莉花茶，这种花茶的茶坯多为优质绿茶，色泽翠绿，质地细嫩，同时还混合有少量的茉莉花干，花干的色泽洁白明亮，这被称为"锦上添花"。我们在用肉眼观察茶坯之后，还要用鼻子闻花茶的香气。通过鉴赏，我们能够感受到，好的花茶确实是"香花绿叶相扶持"，极富诗意，令人心醉。

（4）投茶（见图4-4）。

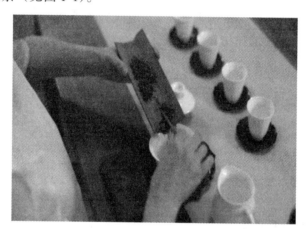

图4-4　投茶

操作：一手拿着茶荷，一手用茶匙将茶荷中的茶叶均匀地拨入各个盖碗中。

解说：我们称投茶为"落英缤纷玉杯里"。"落英缤纷"是晋代文学家陶渊明在《桃花源记》一文中描述的美景。当我们用茶匙将花茶从茶荷中拨入洁白如玉的茶杯时，花干与茶叶飘然而下，恰如"落英缤纷"。

（5）润茶。

操作：一手提起水壶，一手拿起碗盖，依次向各个盖碗中注入约1/3的开水。盖好碗盖后放下水壶，然后一手拿起盖碗，另一手放在盖钮上，用回旋的手法使开水与茶叶充分接触，有利于香气和滋味更好地被泡出。

解说：这一步骤，我们称之为"三才化育甘露美"。冲泡花茶一般使用"三才杯"。茶人认为，茶是天涵之，地载之，人育之的灵物。焖茶的过程象征着天、地、人"三才"的合一，共同化育出茶的精华。

（6）摇香（见图4-5）。

操作：双手托起盖碗，逆时针转动杯底，使茶与水充分融合。

解说：这一步骤，我们称为"水润杯底茶香显"。在润茶时，将1/3的开水浸入茶中，轻柔地摇动杯子，使茶与水充分融合，让茶芽慢慢舒展开来。

图 4-5　摇香

（7）冲泡（见图4-6）。

图 4-6　冲泡

操作：一手提起水壶，一手拿起碗盖，依次向每个盖碗中注入七分满的开水。在注水的过程中，泡茶者可以使用"高冲水"的手法，也可以采用"凤凰三点头"的手法。

解说：这一步骤，我们称为"春潮带雨晚来急"。冲泡特级茉莉花茶时，要使用约90℃的水。热水从壶中倾泻而下，注入杯中，杯中的花茶随水浪上下翻滚，恰似"春潮带雨晚来急"。

（8）分茶（见图4-7）。

图4-7　分茶

操作：将茶汤倒入公道杯中，以达到匀汤的效果。然后将公道杯中的茶汤斟入品茗杯中，约七分满。

解说：这一步骤，我们称为"茶味花香共韵储"。水入茶中，便共同孕育出一杯甜醇的花香茶味。

（9）敬茶（见图4-8）。

图4-8　敬茶

　　操作：用双手捧起品茗杯（如果碗底有水，应在茶巾上擦一下），微笑注视客人，将杯举过自己的胸口，向客人行鞠躬礼。从左至右，依次把沏好的茶敬奉给客人，并行伸掌礼和点头礼，请客人品茶（也可先把盖碗放在托盘上，再向客人敬茶）。最后一杯茶留给自己。

　　解说：这一步骤，我们称之为"一盏香茗奉知己"。双手端起盖碗，举过自己的胸口，鞠躬向客人敬茶，并行伸掌礼。

　　（10）品茶。

　　品茶分为三个步骤：一观（汤色）、二闻（香气）、三品（滋味）。

　　①一观。

　　操作：用"三龙护鼎"的手法端起品茗杯，观察其汤色。不同的茶类，汤色截然不同。

　　解说：这一步骤，我们称为"汤色清幽影华年"。观察汤色为"品色"；细闻幽香为"品香"；鉴赏滋味为"品味"。因此，品色也是品茶的重要步骤。通过观察茶汤的不同颜色，可以增加品茗的乐趣，同时通过茶汤的色度与亮度来鉴别茶叶品质的优劣。

　　②二闻。

　　操作：用"三龙护鼎"的手法端起品茗杯，嗅其香味。不同的茶类，香气迥然不同。在品味之后，还可以继续嗅杯底的留香。杯底的留香常常由于温度不断下降，甜香更加显著。

　　解说：这一步骤，我们称为"杯里清香浮清趣"。二闻也称为"鼻品"，这是花茶三品中的第二品，品花茶讲究"未尝甘露味，先闻圣妙香"。二闻时主要关注三项指标：一是香气的鲜灵度；二是香气的浓郁度；三是香气的纯度。细心地闻优质花茶的茶香，能够给人带来一种精神上的享受。茶客能够感受到在天、地、人之间，有一股新鲜、浓郁、纯正、清和的花香伴随着清幽高雅的茶香，沁人心脾，使人陶醉。

　　③三品。

　　操作：用"三龙护鼎"的手法端起品茗杯，细细品味茶汤的滋味。不同的茶类，其汤色截然不同。

　　解说：这一步骤，我们称为"舌端甘苦入心底"。品茶是花茶三品中的最后一品——口品。在品茶时，品茶人应小口喝入茶汤，使茶汤在口腔中稍做停留。此时，轻轻用口吸气，使茶汤在舌面流动，以便茶汤与味蕾充分接触，从而能够更精细地品悟出茶韵。然后，闭紧嘴巴，通过鼻腔呼气，使茶香直贯脑门。只有这样，品茶者才能充分领略花茶独有的味轻醍醐、香薄兰芷的花香与茶韵。

（11）回味。

操作：再次品茶，以感受花茶之美。

解说：这一步骤，我们称为"茶味人生细品悟"。茶人认为，一杯茶中蕴含人生百味。有的人"啜苦可励志"，而有的人则"咽甘思报国"。无论茶是苦涩、甘鲜的，还是平和、醇厚的，茶人都会从一杯茶中获得许多感悟与联想。因此，品茶重在回味。

（12）谢茶（见图4-9）。

操作：微笑着向客人行鞠躬礼，感谢客人的赏光。

解说：这一步骤，我们称为"饮罢两腋清风起"。唐代诗人卢仝在传颂千古的《七碗茶歌》中，写出了品茶的绝妙感受。茶是祛襟涤滞、致清导和，使人神清气爽、延年益寿的灵物。在共同饮下这第一道茶后，请您慢慢自斟自品，寻找卢仝在《七碗茶歌》中所描绘的"唯觉两腋习习清风生"的绝妙感受。祝大家多福多寿，健康长乐。

图4-9　谢茶

三、紫砂壶乌龙茶茶艺

（一）冲泡器具准备

1. 主泡器

紫砂壶：用来沏泡茶叶的器具。

2. 辅助用具

茶船：盛放泡茶过程中弃水的器具，兼具茶盘和茶海的作用。湿泡台选用。

茶盘以及茶海：茶盘用于盛放主泡器，茶海用于盛放弃水。干泡台选用。

以上二者选一即可。

水壶：可选用随手泡，也可以选择不具备烧水功能的一般水壶，例如瓷壶或玻璃壶等。冲泡绿茶时，一般需要有凉汤的过程，不能用刚刚煮沸的水进行冲泡。

品茗闻香套杯：用于品茗和闻香的器具。

公道杯：用于匀汤的器具。

其他辅助用具包括茶道组、茶巾、茶叶罐、茶荷、奉茶盘、壶承、杯垫、盖置等。

（二）紫砂器具冲泡乌龙茶（铁观音）的操作

1. 基本程序

冲泡乌龙茶的基本程序：恭迎客人—临泉松风—孟臣温暖—精品鉴赏—观音入宫—润泽香茗—荷塘飘香—悬壶高冲—春风拂面—沐淋瓯杯—关公巡城—韩信点兵—幽谷芬芳—鉴赏茶汤—品啜甘霖—和静清寂。

2. 紫砂器具冲泡乌龙茶（铁观音）茶艺操作步骤及解说词

（1）恭迎客人。

操作：将客人引入茶席。翻杯，将扣在品茗杯中的闻香杯翻转，并将其与品茗杯并列于杯托上。确保茶器具摆放整齐。

解说：客人到达后，引导他就座，依次坐定。点头问候客人，准备妥当后，检查各项器具是否齐备、位置是否正确。

（2）临泉松风。

操作：烹煮开水。冲泡乌龙茶（铁观音）需要刚刚沸腾的开水。茶壶中的开水已经沸腾，发出煮沸时的声音，水汽腾涌而起。

解说：陆羽在《茶经》中提到水的"三沸"之说。静坐炉边听水声，其沸如鱼目，微有声，为一沸；水声淙淙似鸣泉，缘边如涌泉连珠，为二沸；腾波鼓浪为三沸，水渐奔腾澎湃。

（3）孟臣温暖。

操作：温壶温杯。将开水倒入紫砂壶中，逆时针旋转一圈，使壶身被烫热，然后将水倒入品茗杯中。接着，将品茗杯中的开水倒入茶船中，以达到温壶烫杯的目的。

解说：温壶。明朝制壶大师惠孟臣制的孟臣壶是工夫茶中的名壶。"孟臣温暖"即指温紫砂壶。先温壶，使稍后用热水冲泡茶叶时，不致冷热悬殊。

（4）精品鉴赏。

操作：赏茶。用茶则从茶叶罐中取出茶叶，放入茶荷中，请客人观赏。

解说：茶条卷曲，肥壮圆结，沉重匀整，色泽砂绿，整体形状似蜻蜓头、螺旋体或青蛙腿。

（5）观音入宫。

操作：投茶。用茶匙将茶叶从茶荷中拨入紫砂壶中。

解说：宫者，室也。苏轼曾有诗句："戏作小诗君勿笑，从来佳茗似佳人。"将茶轻置壶中，如请佳人轻移莲步，登堂入室，满室生香。

（6）润泽香茗。

操作：温润泡。将开水倒入紫砂壶中，茶水没过茶叶即可。

解说：小壶泡所用的茶叶多半是球形的半发酵茶，因此先进行温润泡，可以将紧结的茶球泡松，从而使之后每泡茶汤的汤色拥有同样的浓淡。

（7）荷塘飘香。

操作：将温润泡的茶汤倒入茶海中。温润泡的目的是提高泡茶时的温度，以便更好地呈现茶的香气和滋味。此步骤应动作迅速，以避免茶叶中的营养成分过多浸出。

解说：朱熹有诗云："半亩方塘一鉴开，天光云影共徘徊。问渠那得清如许？为有源头活水来。"池塘不在于大，有源头活水注入则清澈；茶海虽小，但有茶汤注入，茶香四溢，能涤除昏昧，破除烦恼。

（8）悬壶高冲。

操作：第一泡茶冲水。乌龙茶的冲泡讲究高冲水，右手提起随手泡，缓缓地以逆时针方向画圆圈注水。

解说：学茶艺的目的在于提升一个人的生活品位，因此泡茶须有顺序，动作应文雅。在泡茶时，双手应向内画圈（左手顺时针，右手逆时针），如同音乐的旋律，描绘出高雅的弧线，展现有韵律的动感。

（9）春风拂面。

操作：用壶盖轻轻刮去飘荡的白泡沫，使茶汤清新洁净。

解说：用壶盖轻轻刮去飘荡的白泡沫，仿佛春风拂面，刮去了人生的浮浮沉沉，这是一个静心祛烦的过程。

（10）沐淋瓯杯。

操作：温杯。将茶海中温润泡的茶汤倒入闻香杯中，再用闻香杯中的茶汤浇淋紫砂壶。

解说：温杯。琛瓯是工夫茶四宝之一，是用于喝茶的小杯，亦称品茗杯。将温润泡的茶汤斟入闻香杯和品茗杯中，可以在真正品茗时提升茶的高雅韵味。

（11）关公巡城。

操作：斟茶，分茶入杯。将第一泡茶汤从紫砂壶中斟入每位客人的闻香杯中。

解说：浓淡适度的茶汤斟入闻香杯中，散发着茶香。斟茶时无富贵贫贱之分，为每位客人斟至七分满，倒入的是同一把壶中泡出的同浓度的茶汤，如观音普度，众生平等。

（12）韩信点兵。

操作：紫砂壶中的茶水越到后面，茶汤越浓，对口感的影响越大。斟茶时，可将紫砂壶中的茶汤一点一点地循环斟入闻香杯中，以确保茶汤的均匀。

解说：当茶水所剩不多时，应一点一点均匀地斟入各茶杯中，以确保闻香杯中的茶汤均匀，浓度一致。

（13）幽谷芬芳。

操作：闻香。右手拿起闻香杯至掌心，两手轻轻来回滚动搓揉，同时靠近鼻翼，细细闻其幽香。

解说：高口的闻香杯底，如同开满百合花的幽谷。随着温度逐渐降低，杯中的香气不同，分为高温香、中温香和冷香，值得细细感受。

（14）鉴赏茶汤。

操作：观色。品茶讲究一看、二闻、三品。端起品茗杯，欣赏茶汤的色泽与亮度。

解说：好茶的茶汤清澈明亮，从翠绿、蜜绿到金黄，令人观之赏心悦目。

（15）品啜甘霖。

操作：品茗。乘热细啜，先嗅其香，后尝其味，边啜边嗅，浅斟细饮。

解说：茶艺的美包含物质层面和精神层面上的美，即感官的享受与人文的满足。因此，品茶时要专注，眼、耳、鼻、舌、身、意要全方位投入。

（16）和静清寂。

操作：品茗之后，齿颊留香，喉底回甘，心旷神怡，别有情趣。静心安坐，回味无穷。一杯饮尽，可再斟一杯。

解说：相聚品茶是缘分，也是福分。以茶结缘，以福相托，创造和平、宁静的氛围，做到清心、诚意，进入无忧的禅境。

第二节
茶会组织与策划

一、茶会的组织与策划

（一）设立茶会主题

以茶艺、茶道、茶俗等茶文化精神内涵为主线。我们可以从中国茶文化精神内部结构中抓取主题素材。中国茶文化精神内部结构包含以下四个方面：物态文化，是人们从事茶叶生产的活动方式和产品总和，即茶叶栽培、加工、流通、存储、营销等制度文化、行为文化、心态文化等几个方面；制度文化，是人们在从事茶叶生产和消费过程中形成的社会行为规范，如茶政、榷茶制度、纳贡、税收、内销、外贸等；行为文化，即人们在茶叶生产和消费过程中约定俗成的行为模式，即茶艺、茶礼、茶俗等；心态文化，即人们在饮用茶叶的过程中孕育出来的价值观念、审美情趣、思维方式等。也可以以茶品、茶事、茶器、茶人为主题来设立茶会。

除了以茶文化本身为主题的茶会组织与策划，我们还可以将文化、民俗、历史、诗歌、戏曲、艺术等与茶结合，设置茶会主题。例如，可以围绕二十四节气以及茶与健康、茶与艺术、茶与美食、茶与禅宗、茶与时尚等进行设计。茶不仅具有"琴棋书画诗酒茶"的高雅性，也蕴含着"柴米油盐酱醋茶"的生活性。茶会的主题既可以从高雅艺术中汲取灵感，也可以与日常生活紧密结合。

（二）基本构思

（1）茶会规模。

（2）参加对象。

（3）茶会时间。

（4）茶会地点。

（5）茶会形式。

（6）茶品搭配。

（三）团队搭建

团队搭建如表4-1所示。

表4-1　团队搭建表

职务	人员	团队成员（工作职责）
总导演 （1名）	/	茶会总指挥，负责整个茶会的组织，同时协调团队成员，确保作品的创意和质量
副导演 （1—2名）	/	导演的得力助手和团队协调者，负责协助导演管理现场，并在必要时代表导演进行决策和指导
总策划 （1名）	/	项目创意和战略规划的核心人物，负责制订整体计划，确保项目目标的实现，并协调各环节以达成愿景
副策划 （1—2名）	/	协助总策划的各项工作
音乐总监	/	音乐项目的创意和技术领导者，确保音乐作品的质量和风格符合项目要求和艺术愿景
技术总监	/	组织茶艺技术创新和系统开发的领导者，确保茶艺技术解决方案与业务目标相匹配，并推动技术进步
财务总监	/	负责监督财务报告、预算、风险管理和投资决策
宣传总监	/	茶会品牌和信息传播的策略者，通过创意营销和有效沟通，提升茶会知名度和影响力
礼仪总监	/	茶会组织形象和文化的专业塑造者，确保茶会活动和交流都符合专业标准和礼仪规范
后勤总监	/	提供后勤保障，确保资源的有效分配和茶会运作的顺畅

（四）茶会准备

（1）场地布置。

（2）茶席设计。

（3）物品准备。

（4）人员安排。

（五）茶会的组织与实施

（1）宾客进门到迎宾处签到、净手（见图4-10）。

图 4-10　茶会迎宾

（2）在迎宾人员的引领下入座。

（3）茶艺师奉上会前茶。

（4）根据茶会主题设计的表演、展示、游戏、茶艺等项目有序开展。

（5）安排摄像师进行现场留影和摄像，茶会结束后进行合照。

（6）茶会结束后，召开复盘会，总结并分析茶会组织情况。

二、茶会案例

（一）茶会案例1：《诗游古境·茶饮新趣》茶会设计文案

1. 茶会主题

茶，作为中国传统文化的瑰宝，自古以来便与诗词紧密相连。宋代，茶文化达到了一个高峰，文人雅士以茶会友，以茶论诗，流传下来许多脍炙人口的佳作。本次茶会以宋代诗词为主题，结合现代调饮艺术，让参与者在品茗赏诗的同时，能够体验游戏的乐趣（见图4-11）。

图4-11　茶会布设现场

2. 基本结构

（1）主办方：蒙顶山茶产业学院；承办方：茶艺与茶文化2022级2班。

（2）茶会规模：中型茶会（约 28 人）。

（3）茶会时间：2024 年 5 月 6 日（上午 10：00 —12：00）。

（4）茶会地点：雅安职业技术学院青年路校区实训楼茶创空间。

（5）茶会形式：室内坐席式（互动体验），结合茶艺表演、品茗交流、茶艺互动和现代调饮元素，现场还设有宋代传统的游戏区域（猜灯谜区域、投壶区域），让参与者能够全方位体验茶文化的多样性。

（6）茶品搭配：精选中国各地名茶，例如大红袍、金骏眉、小种红茶等；搭配各式茶点，例如茶香瓜子、绿豆糕、蜜饯（梅子）等。同时，结合现代调饮的创新元素，例如加入水果、浓缩汁、冰块等，为参与者带来更多元化的茶饮体验感。图 4-12 所示为茶会调饮茶。

图 4-12　茶会调饮茶

3. 团队（见表4-2）

表4-2　团队搭建表

职务	负责人	团队成员（工作）
总导演	张×洁	（中控现场）主持人
副导演	李×蕊	（主持人）
副导演	包×杰	（长嘴壶表演）
总策划	屈×妍	（撰写文案）
副策划	刘×雨	彭×玲、李×林、田×（调饮）
音乐总监	杨×忆	赵×梅（助手）、杨×忆（古筝演奏）
技术总监	任×艳	伍×（茶艺表演）、任×艳（长嘴壶表演） 张×涛、王×、赵×云、李×婷、白×萍、李×霞、刘×雨、屈×（茶艺师） 杨×平、欧×（插花）
财务总监	胡×莎	樊×坤、胡×莎（布置茶点）
宣传总监	郑×蓓	（拍摄）
礼仪总监	罗×	郑×谊、罗×（迎宾）、曹×恩、敬×丁（签到处：签到、净手等）
后勤总监	刘×妹	李×甜（迎宾）、杨×文（拍摄）、黄×峰、杨×超、陈×、刘×妹、江×伶（后勤流动）

4. 茶会准备

（1）场地布置：以宋代诗意为灵感，场地周围挂有宋代诗词字画，点缀一个古典灯笼，营造古风氛围。整体布局简洁而充满文化气息，让来宾仿佛穿越时空，置身于风雅的宋代茶会之中。图4-13至图4-19所示为宋代点茶的相关步骤示意图。

图 4-13 宋代点茶——温盏

图 4-14 宋代点茶——取茶

图 4-15 宋代点茶——点水

图 4-16　宋代点茶——调膏

图 4-17　宋代点茶——击

图 4-18　宋代点茶——点水

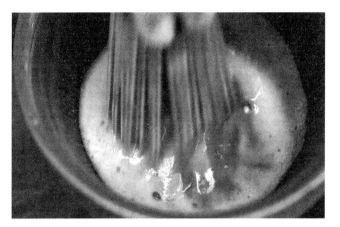

图 4-19　宋代点茶——拂

（2）茶席设计：采用典雅茶席的布局方式，茶桌上铺设白色或素雅的桌布，营造简洁的空间氛围。茶桌两侧摆放茶具，体现古朴、典雅的气息。

（3）背景音乐：播放古典音乐，如古筝、琵琶等民族乐器演奏的曲目，烘托茶会的文化氛围。

（4）茶会所需物品：准备足够的茶叶、茶点以及现代调饮所用材料（装饰）；茶席上所需的茶具及相关配套物品，包括插花、签到笔、签到册、桌椅、音响，以及茶艺表演和茶艺师泡茶所需要的茶服（8套蒲公英、6套银杏、1套青色茶服、1套汉服、1套白色扣子茶服、1套唐装，共计18套）；泡茶所需的桶装水、礼品（杯子）、拍摄设备、伴手礼（Logo书签）等。

（5）人员安排。

迎宾组：6人（1人负责签到、1人负责净手、2人负责迎宾、2人负责引领和安排座位和饮品）。

表演组：4人（长嘴壶表演2人、茶艺表演1人、古筝演奏1人）。

摄像师：1人。

茶艺师：8人。

茶点师：2人（准备茶点）。

调饮师：3人（调饮制作）。

音响师：2人（负责音响设备调试和音乐播放）。

采购师：2人。

主持人：1人（负责茶会流程的主持和引导）。

总负责人：2人（指导现场）。

茶会工作人员：若干人（负责茶会现场的布置、茶具摆放、茶点准备等）。

5. 茶会流程

（1）宾客进门后到迎宾处签到、净手后领取伴手礼。

（2）在迎宾组人员的引领下入座。

（3）茶艺师在宾客入座后送上刚泡好的茶水（分发茶点，邀请嘉宾品尝各种名茶，交流品茶心得，共享茶香时光）。

（4）调饮师将制作好的饮品摆放在展示台供客人品尝。

（5）主持人上台主持。

（6）重要人员讲话（领导或指导老师）并宣布茶会开始。

（7）表演组开始表演（节目有长嘴壶表演、古筝演奏等）。

（8）表演结束后需要一直播放轻音乐或中国古典音乐一直到茶会结束。

（9）表演期间，茶艺师需要随时注意客人桌上的茶水并及时更换。

（10）客人可参与游戏，体验游戏的乐趣，赢得游戏的客人将获得一份小礼品。

（11）摄像师在茶会中需要随时捕捉精彩瞬间，为茶会录制视频。

（12）最后主持人宣布结束，客人一起到台上合影，合影结束后有序离场。

6. 收尾

（1）清理茶具和茶点盘（2人）：2人负责收集和清理茶具及茶点盘，确保所有物品都归位。

（2）清洗茶具（3人）：3人负责清洗茶具，确保茶具干净整洁，不影响下次使用。

（3）摆放茶具（2人）：2人将清洗完的茶具摆放整齐，确保茶具归位，方便下次使用。

（4）抹桌子（1人）：1人负责抹桌子，确保桌面干净整洁。

（5）摆放桌椅（4人）：4人将桌椅摆放至原来的位置，恢复场地原有布局。

（6）收拾表演台（3人）：3人负责收拾表演台，将所有物品都放回原处，确保场地整洁。

（7）清点茶会表演所用道具（1人）：1人负责清点茶会表演所用道具，确保道具无遗漏或损坏。

7. 物资核算

（1）核算茶叶价格（1人）。

（2）核算茶点费用（1人）。

（3）茶会其他费用（1人）（伴手礼、签名册、签名笔等）。

（4）将所有费用整合在一起（1人）。

8. 总结

（1）主持：总负责人。

（2）每小组派代表汇报情况（自己觉得做得到位和不到位的地方都要汇报，并针对做得不到位的地方汇报该如何改进）。

（3）总负责人根据每个小组代表的汇报总结此次茶会的总体报告。

（4）助手撰写总结报告。

（二）茶会案例2：《一茶一梦 一话一送》茶会设计文案

1. 茶会主题

大学是人生中一段特别的时光，它标志着人生的新阶段。为了给大家留下美好的回忆，我们利用专业所学举办一场毕业茶会活动，让大家在温馨的氛围中共聚一堂，畅谈这段难忘的时光……给我们的大学生活留下浓墨重彩的一笔……

2. 基本结构

（1）茶会规模：中型茶会（约32人）。

（2）参加对象：2022级老师及学生。

（3）茶会时间：2024年5月9日（上午10：00—12：00）。

（4）茶会地点：雅安职业技术学院青年路校区实训楼茶创空间。

（5）茶会形式：座席式茶会，茶艺表演、品茗交流、现代茶酒调饮元素，以及毕业寄语。

（6）品茶种类：白茶、单丛。

3. 团队（见表4-3）

表4-3 团队搭建表

职务	负责人	团队成员（工作）
总导演	李×圣	（控场）
副导演	秦×	（电子版邀请函）
副导演	廖×轩	（主持）
策划	杨×婷	（撰写文案并策划）
策划	吕×雨	（撰写文案并策划）
礼仪总监	尹× 潘×	李×瑜 冯×艳
技术总监	兰×迪 苟×坤	李×琴（表演） 廖×（表演） 秦×、徐×欣、梁×凤、蒙×红、邓×倩、刘×涵 郭×兴、冷×圻（茶艺师）
财务总监	徐×欣	预算以及财务收支等
宣传总监	黎×洪	孙×凤（撰写新闻稿）
后勤总监	黄×	吕×雨、李×霞、罗×、邹×杨、陈×、杨×昔、杨×婷

4. 茶会准备

（1）场地布置：以4人为一席布置8个茶席，用屏风打造安静、美观的茶会场地。

（2）茶席设计：采用现代茶席的布局方式，选用青花瓷盖碗，茶席选用素雅、简约的配色，每席匹配独特的插花。

（3）背景音乐：播放古筝古典纯音乐，烘托茶会氛围。

（4）茶会所需物品：准备足够的茶叶、茶点以及茶酒创新调饮所用的材料；茶席上所需的茶具及相关配套物品，包括插花、签到笔、寄语卡片、桌椅、音响，以及茶艺表演所需的相关物品（茶服）；泡茶时所需的桶装水、伴手礼和拍摄设备等。

（5）人员安排。

迎宾组：4人（签到处2人、引领路线2人）。

表演组：4人（长嘴壶表演2人、茶艺表演2人）。

摄像师：2人。

茶艺师组：8人（负责各自的茶席布置）。

后勤：负责茶点、材料准备与采购等。

主持人：1人（负责茶会流程的主持和引导）。

总负责人：1人。

5. 茶会流程

（1）宾客进门后到迎宾处签到、净手等。

（2）在迎宾组人员的引领下入座。

（3）主持人上台主持。

（4）观看茉莉花盖碗茶艺表演。

（5）品香茗——白茶。

（6）送上创新茶饮。

（7）观看长嘴壶表演。

（8）新式茶酒调饮。

（9）毕业寄语环节（老师写给2022级全体学生、学生写给学校和老师等）。

（10）邀请老师、同学上台致词。

（11）茶会结束。

6. 收尾

（1）对本次茶会进行总结（邀请院长进行点评）。

（2）开展清洁工作（桌椅摆放整齐、茶席归纳整理、茶具清洁到位）。

（3）总负责人进行检查。

7. 财务总结

对本次茶会物资消费情况进行核算。

8. 总结

（1）总负责人召开总结会议。

（2）每个部门派代表汇报情况（汇报自己觉得做得到位和不到位的地方，并针对做得不到位的地方进行汇报该如何改进）。

（3）撰写新闻稿。

（4）茶会视频、照片等存档。

第三节
长嘴壶茶艺

中华民族有着五千多年的灿烂历史文化。在漫长的历史长河中，形成了多个民族、多种文化汇聚的大中华文明。地大物博的中华大地孕育了无数独具地方特色的灿烂文化，一方一俗，构成了博大精深的中华文明。中国茶文化是中华传统文化中重要的一隅。近年来，随着中国经济的迅速发展，茶文化之风盛行。茶文化传播载体茶艺表演和茶艺大赛在全国各地蔓延开来。长嘴壶茶艺以它独具特色的观赏性和文化传承性在全国兴盛起来。

长嘴壶茶艺是中华茶艺中的一朵奇葩，它具有掺茶续水的实用性，也具有体育锻炼、强身健体的运动性，更具有舞蹈运用的观赏性和舞台表演的艺术性。但如今，由于在茶馆中倒茶的茶技师长期稀缺，茶馆的形式发生了变化。长嘴壶茶艺在茶馆的实际运用中几经绝迹。那么，如何使长嘴壶茶艺得以有效传承与发展呢？现今，我们需要探索出一条新的发展路径。

一、长嘴壶茶艺的发源与发展

四川是茶树原产地之一，也是人类饮茶、制茶的发源地之一，更是我国主要产茶省份之一。四川茶区具有得天独厚的自然条件，悠久的产茶历史，精湛的制茶技术和深厚的茶文化底蕴，以及高超的掺茶绝技，令人赏心悦目。

四川茶艺的主要表现形式为独具特色的长嘴壶茶艺和盖碗茶艺。早在巴蜀之地（今陕南、四川一带），茶馆在给客人掺茶续水时，实感麻烦又恐打扰到茶客之间的私密交谈，从而出现了长嘴铜壶。四川盖碗茶艺也不同于一般意义上的盖碗茶艺，起源于川西，主要分布在成都平原上。老成都以及周边地区茶馆林立，或见于公园、河边，或见于街口大坝，院落平坝。川西盖碗茶艺的主要表现形式为茶艺师一手提短嘴铜壶，另一手可一次性拿七八套盖碗。待客人一入座，拿盖碗之手顺势一脱甩，便可将盖碗不偏不倚地摆在了茶客面前，随即提壶掺水。但此种茶艺在前些年已绝迹，成都的茶社今可犹见，盖碗茶艺已几经失传。

长嘴壶的设计不仅具有实用性，还具有较高的观赏性。使用长嘴壶掺茶时，茶艺师可以轻松控制水流的方向、速度和温度，以适宜泡茶。长嘴壶的长嘴设计使得茶艺师能够在不打扰客人的情况下，从远处为客人添水，增加了茶馆的文化氛围和民俗气息。

长嘴壶茶艺从最初的实用性逐渐发展成为一种表演艺术，它不仅在国内受到欢迎，而且已经走向国际，成为传播中国茶文化的重要方式之一。20世纪80年代以来，长嘴壶茶艺已经在新加坡、马来西亚、法国等进行表演和展示。长嘴壶茶艺表演融合了传统茶道、武术、舞蹈、禅学和易理等多种元素，每一式都模仿龙的动作，充满玄机和妙理。表演者通过长嘴壶，可以展示茶艺的精妙和文化内涵，使茶客在欣赏表演的同时，也能体会茶文化的魅力。

长嘴壶茶艺（见图4-20）作为中国非物质文化遗产之一，不仅是中国茶文化的优秀成果，同时也吸取了其他艺术形式的元素，成为世界上独树一帜的表演艺术形式。

图 4-20　长嘴壶表演

二、训练长嘴壶茶艺的作用

　　长嘴壶茶艺不仅是茶艺表演的一种形式，还可以作为日常有益身心、强健体魄的一项健身运动。长嘴壶茶艺是结合了武术、太极、舞蹈等动作而创新出来的独具特色的茶艺形式。

　　长嘴壶茶艺本身是一种文化和艺术的表现形式。通过茶艺师的表演，长嘴壶茶艺展示了中国茶文化的深厚底蕴和美学价值。虽然长嘴壶茶艺本身不能直接提高人的身体素质，但它与茶文化紧密相关，而茶文化中的某些内容可能对提高人的身体素质具有积极作用。

　　长嘴壶茶艺动作讲究气息运行、身心调和，对人的心血管功能、呼吸系统功能以及身体肌肉、关节、韧带的功能等均具有正向作用，能够全面提升人的身体素质，提升人身体的协调性，对调节人体内部环境的平衡，以及调气养血、疏通经络、强健脏腑等都有一定的益处。

　　长嘴壶茶艺表演常常在茶馆或文化场所中进行，为人们提供了社交的机会，有助于人们减少压力和焦虑，对心理健康有益。观赏长嘴壶茶艺可以帮助人们增长知识，了解中国传统文化和茶道哲学，这种文化教育对个人的全面发展是有益的。长嘴壶中泡制的茶含有茶多酚、咖啡碱等，这些成分具有抗氧化、提神醒脑、助消化等功效，但必须适当饮用。

长嘴壶茶艺的表演具有较高的艺术性，观赏这样的表演能够提升人的审美能力和艺术鉴赏能力。如果个人参与长嘴壶茶艺的实践中，例如学习泡茶、学习茶艺，这个过程可以提高手眼协调能力，也是一种修身养性的方式。练习、泡茶和观赏茶艺是一个放松身心的过程，类似冥想，有助于减轻压力，恢复精神状态。了解和传承中国茶文化，可以提升民族文化自信，对个人的心理健康和生活态度等都有正面影响。

总的来说，长嘴壶茶艺作为茶文化的组成部分，长嘴壶茶艺可以直接或间接地保障人的身体和心理健康。

长嘴壶茶艺可以结合音乐和舞蹈，作为一种兴趣爱好或艺术表演形式，能够使人身心愉悦。练习长嘴壶茶艺，能够帮助表演者结识来自全国各地的茶友。通过长嘴壶茶艺的动作练习，表演者可以释放心中的负面情绪，迎来正面情绪。

唐代大医药学家陈藏器在《本草拾遗》中称："诸药为各病之药，茶为万病之药。"长嘴壶茶艺不仅有助于提高人的身体机能，还有益于人的身心健康，还能够提升舞台艺术表演的效果。

三、音乐的选配

长嘴壶茶艺是在实用性与艺术性相结合的情况下应运而生的，兼具舞蹈、武术以及艺术表演的特点。一定的韵律有助于表演者更好地表现长嘴壶茶艺。因此，长嘴壶茶艺的练习和表演需要与相应的音乐相匹配。一般来说，与长嘴壶茶艺相配的音乐可以在具有中国特色的中国传统音乐和现代音乐之间进行选择，也可以单纯根据曲风进行选择，或者根据长嘴壶茶艺现场表演的特点来进行选择。

（一）中国特色音乐特点

1.中国古代音乐

中国古代乐器主要有古琴、古筝、埙、缶、筑、排箫、箜篌、筝、瑟等。在音乐的表现形式上，中国音乐注重音乐的横向进行，即旋律的表现性。中国古代音乐与中国的书法、绘画等一样，在艺术风格上，中国音乐讲究旋律的韵味处理，乐曲一般缓慢悠扬，意境深远。这类音乐适合女士进行长嘴壶茶艺表演，以及与中国特色表演相结合的长嘴壶茶艺表演，例如书画、太极等。

2.中国现代音乐

中国现代音乐除了某些融入古代音乐特点的作品，主要指具有中国特色的现代音乐作品。例如，《中国功夫》《精忠报国》和《男儿当自强》等。在进行长嘴壶表演时，运用这些具有中国特色的现代音乐更能将观众的听觉与视觉相融合，彰显中国特色。

（二）音乐类型的选择

除了在中国传统音乐和现代音乐之间进行选择，还与音乐表现类型有关，即曲风。曲风（歌曲风格、音乐曲风、流派）是指音乐作品在整体上呈现的具有代表性的独特面貌。在长嘴壶茶艺表演中，恰当的音乐选配能达到画龙点睛的效果。

1.男士长嘴壶茶艺

选配音乐特点：浑厚、豪放、激扬、刚劲有力。

呈现形式：歌曲或合奏曲。

推荐曲目：《沧海一声笑》《卧虎藏龙》《中国功夫》《精忠报国》《男儿当自强》《心游太玄》等。

2.女士长嘴壶茶艺

选配音乐特点：柔美、舒缓、柔和。

呈现形式：古筝、古琴以及轻柔吟唱的曲目或其他纯音乐。

推荐曲目：《高山流水》《百鸟朝凤》《渔舟唱晚》《春江花月夜》《国色天香》等。

（三）其他音乐选配方式

长嘴壶茶艺的练习和表演不仅停留在单纯的个人表演或同性组合上，还包括男女搭配表演、亲子表演以及各种不同主题的表演等。尤其是在正式表演场合，音乐显得尤为重要，合适的音乐能为整个长嘴壶茶艺表演增色不少。以下是综合式长嘴壶茶艺表演的音乐选配方式。

1.根据表演的动作来选配

表演者应结合表演的动作来选配音乐。例如，可以根据动作的轻柔、舒缓、浑厚和刚劲，选择相应的音乐。

2.根据表演的主题来选配

音乐的选择应结合表演的主题或主题的文化背景进行。例如，对于都江堰文化主题、蜀国文化主题、青城山文化主题和汉文化主题等，可以选择与相应文化主题相匹配的音乐。

3.根据长嘴壶茶艺综合表演的情节表现来选配

表演者应根据综合表演的情节选配或创作音乐。长嘴壶茶艺表演可以设置情节表演并融入内涵故事。在表演过程中，表演者可以根据情节的发展，长嘴壶茶艺动作的虚实以及层次表现等选配相应的音乐。

4.创新长嘴壶茶艺

长嘴壶茶艺表演还可以与相关的艺术表演形式相结合，例如太极拳、瑜伽、中国民族舞蹈、古琴等。表演者可以根据表演的内容选择相应的音乐，还可以将多首相关曲目进行剪接、拼接形成新的音乐，以供选配。

无论是柔美的女士，还是刚劲的男士，成熟的长嘴壶茶艺表演都需要用节奏和节拍来组织，音乐也是如此。节奏和节拍是音乐整体的骨架，这为音乐与长嘴壶表演的结合奠定了基础，类似舞蹈表演。音乐能够渲染长嘴壶茶艺表演的基调，而长嘴壶茶艺表演则能在视觉上补充音乐效果，使音乐得到升华。让有形无声与有声无形相匹配，定能使长嘴壶茶艺表演绽放更加绚丽的色彩。

总之，长嘴壶茶艺表演融合了武术、舞蹈、舞台等多种表演形式，结合了太极拳、瑜伽、古琴、古筝和中国的民族舞蹈等，并以各种文化主题展现出来。因此，音乐的选配不仅限于刚劲有力或柔美舒展的单一风格，而是可以从多方位、多主题和多元化的角度进行选择。同时，表演者还可以利用现代音乐剪接技术，创造新颖的音乐搭配，以提升现场感染力和艺术感召力。

四、创新运用

长嘴壶茶艺表演具有掺茶续水的实用性，体育锻炼、强身健体的运动性，也具有舞蹈运用的柔美性和舞台表演的艺术性。

以兴趣爱好为前提，以强身健体为目的练习长嘴壶茶艺，待到熟练掌握以后，长嘴壶茶艺可以被运用到多个领域，以多种形式展现，具有良好的视觉冲击力和艺术感染力。

（一）长嘴壶茶艺是一门职业技能

待学成后，长嘴壶茶艺不仅可以作为一项职业技能，还能实际运用到茶馆、酒楼和餐饮场所中。长嘴壶茶艺既能为顾客提供服务，又可以成为营业场所的亮点。

（二）普通茶艺师的辅助技能

近年来，由于国民经济的迅速增长，人们对身体健康和精神文明提出了更高的要求。茶不仅成为传统文化传承的媒介，更成为人们健康生活、愉悦身心的重要饮品。茶产业的快速发展使得茶行业从业人员数量迅速增加，整个茶产业链也随之兴旺。作为普通茶艺师，我们可以将长嘴壶茶艺作为一项辅助技能，提升职业延展性。

（三）以长嘴壶茶艺为媒介，学习中国传统文化

通过对长嘴壶茶艺表演招式的学习与领悟，表演者能够接触丰富多彩的中国茶文化，并学习和了解茶叶各个领域的知识。中国茶文化是中国传统文化的重要组成部分。通过学习茶叶和茶文化知识，学生能够潜移默化地了解博大精深的中国传统文化。响应党和政府关于"文化自信"和"文化传承"的号召，我们要积极跟进，勇担实现中华民族伟大复兴的时代使命。

（四）与普通茶艺表演相结合，提升视觉冲击力

普通茶艺表演通常注重柔美，表演较为平淡，难以营造热烈的气氛。如果结合长嘴壶茶艺表演，一个柔美，一个刚劲，刚柔并济，便能提升整个舞台的感染力，吸引观众的注意力。

（五）与中国传统戏曲、武术、太极等相结合

长嘴壶茶艺表演是中国传统戏曲、武术、太极、舞蹈等艺术表现形式的结合体。在舞台表演形式上，长嘴壶茶艺表演可以与中国传统戏曲、武术、太极和舞蹈等相结合，进一步提升舞台表现力，提高观赏性。同时，长嘴壶茶艺表演还可以以文化为背景，以舞台剧的形式讲述和传递内涵丰富的传统文化。

（六）练习长嘴壶茶艺对提升普通茶艺手法具有促进作用

普通茶艺泡茶时讲究冲水技巧、泡茶手法和茶艺师的气质。学习长嘴壶茶艺能够提升泡茶者手腕的灵巧度，使手法更加灵巧和平稳。同时，长嘴壶茶艺还能够提高人身体的协调性和柔韧性，帮助人们塑造良好的身形和气质。

五、长嘴壶茶艺十八式

（一）龙形十八式

视频：龙行十八式

第一式：吉龙献瑞。

（1）左脚向前半步，右手持壶旋转360°。

（2）左手托壶，右脚向后退并伸直，形成弓步。

（3）将壶放置于头顶，左手握住壶管向下压，壶尖对准杯子出水。

（4）身子向后仰，右腿弯曲，左腿伸直，快速将壶从头顶拿下。

第二式：玉龙扣月。

（1）左脚向前半步，右手持壶从右后上方递出，左手握住壶柄。

（2）将壶向前推出，同时左脚向前，右腿伸直，形成弓步。

（3）壶管对准水杯出水。

（4）将水线拉长，速度减缓，水线呈抛物线状，提壶收水。

第三式：惊龙回首。

（1）左脚向前，呈弓箭步。

（2）右手持壶，将壶口放于左腋下。

（3）左手背于后腰处，壶嘴朝上。

（4）将水线拉长，速度减缓，水线呈抛物线状，提壶收水。

第四式：乌龙摆尾。

（1）右手提壶与肩膀持平，将壶旋转至腋下。

（2）将壶放于身后，左手伸直夹住壶柄。

（3）右手向上提壶，上身向前弯曲。

（4）壶嘴对准水杯，出水。

（5）将水线拉长，速度减缓，水线呈抛物线状，提壶收水。

（6）收回右脚，保持起式动作。

第五式：祥龙行雨。

（1）左手拿杯，右手拿壶。

（2）左脚向前迈出一步，同时右脚向后，形成弓步。

（3）右手高举提壶柄，左手端平水杯。

（4）壶嘴对准水杯，出水。

（5）以右肩为支点，整体向上移动至平行。

（6）放回水杯，保持开始时的动作。

第六式：白龙过江。

（1）向右转身，右脚向上踢，将壶柄放至左肩。

（2）以头为中心，使壶柄旋转360°，同时右脚向右跨出，形成弓步。

（3）上半身向左下方弯曲，右手将壶提于肩上。

（4）壶嘴对准水杯，出水。

（5）右手握壶立即下压收水，同时身体站直。

（6）放回水杯，保持开始时的动作。

第七式：潜龙腾渊。

（1）左脚向前迈出，形成弓步。

（2）右手持壶，将壶柄从身体前方绕过头部移至左肩，壶柄中部放于左肩上。

（3）持壶手的手腕向下压，将水注入水杯。

（4）将水线拉长，速度减缓，使水线呈抛物线状，提壶收水。

第八式：威龙出水。

（1）向右转身，右脚向上踢，将壶柄放至左肩。

（2）以头为中心，壶柄旋转360°，同时右脚向右跨出，形成弓步。

（3）右手握壶绕至右肩，再次绕至头顶。

（4）上半身向左下方弯曲，头部侧倾，壶尖对准水杯，出水。

（5）右手握壶立即下压收水，同时身体站直，保持开始时的动作。

第九式：青龙入海。

（1）左脚向前跨出半步，右手伸出握住壶柄。

（2）左手握住壶柄，向上抬起，同时右手向内弯曲，夹住壶身。

（3）右腿向后伸直，左脚弯曲，形成弓步。

（4）将水线拉长，速度减缓，水线呈抛物线状，提壶收水，同时保持起式动作。

第十式：异龙行天。

（1）左手拿杯，身体向左前方跨出一步，右脚向上踢，将壶柄放在左肩。

（2）以头为中心，使壶柄旋转360°，同时右脚向右跨出，形成弓步。

（3）左手平直端水，身体向左微倾，壶口对准水杯，出水。

（4）左手、右手、水杯、壶口和身体同时慢慢旋转至正面。

（5）提壶收水，起身时将杯子放回原处，保持开始时的动作。

第十一式：战龙在野。

（1）提左脚，使大腿与地面平行，脚尖绷直并垂直向下。

（2）右手持壶，将壶柄中部置于左腿上。

（3）眼睛注视目标杯子，将持壶手的手腕下压，出水。

（4）将水线拉长，速度减缓，水线呈抛物线状，而后提壶收水。

第十二式：神龙抢珠。

（1）伸出左手于胸前，握住壶管，距离出水口约10厘米，右手反握住壶把。

（2）左脚向前跨出，形成弓步，右手顺时针旋转360°，将壶身放于头顶。

（3）右手持壶，左手下压，出水。

（4）将水线拉长，速度减缓，右手直接将壶从头顶翻下，收水。

（5）收回弓步，保持起始姿势。

第十三式：飞龙在天。

（1）左脚向前跨出一步，右手提壶。

（2）左手握住壶管，向下压，右手顺势翻转，将壶翻转至右腋下夹住。

（3）左腿呈弓步，右腿后撤，头部前倾，右手高举壶，左手同时高举。

（4）身体向后慢慢后仰，右腿逐渐弯曲，左腿逐渐伸直，身体保持稳定。

（5）起身，收回弓步，保持起始姿势。

第十四式：亢龙有悔。

（1）出左脚向前半步。

（2）右手持壶，向后绕壶至左胸前，左手托住壶底。

（3）眼睛注视杯子，右手上抬出水。

（4）将水线拉长，速度减缓，水线呈抛物线状，提壶收水。

（5）收回左脚，保持起始姿势。

第十五式：龙吟天外。

（1）左脚伸出，向前迈出一小步。

（2）右手持壶，向前伸出，左手握住壶管。

（3）将壶高高甩起，旋转至右肩，同时身体向右倾。

（4）将壶管向下压，壶尖对准水杯。

（5）身体慢慢后仰，向后压壶，水线呈抛物线状，快速翻转壶，收水。

第十六式：猛龙越海。

（1）左手反手拿杯，向前一步。

（2）左手握杯顺时针旋转180°，同时右脚向右跨出一步，变为右弓步。

（3）右手高举壶，经过肩膀将壶对准左肩，保持壶和杯于一条直线上。

（4）左手、右手均逆时针旋转90°，停顿少许后，双手快速向下收拢。

（5）放下杯子，收回左脚，保持起始动作。

第十七式：龙转乾坤。

（1）身体向后转，双手持壶置于身前，双脚下蹲呈弓步。

（2）身体后仰，下腰，眼睛注视水杯，壶管与身体平行，提壶出水。

（3）将水线拉长，速度减缓，使水线呈抛物线状。

（4）双手持壶向上提，收水。

（5）向后转身，保持起始动作。

第十八式：游龙戏水。

（1）右手握住壶把，伸直。

（2）左脚向前迈出一小步，右脚向后迈出一小步，呈半弓步状。

（3）左手背在身后，右手下水，壶管与身体保持一小段距离。

（4）右手向上提壶，缓慢拖动。

（5）右手快速下压，收水，同时收回左脚，保持起始姿势。

（二）凤舞十八式

视频：凤舞十八式

第一式：玉女祈福。

（1）右手转壶，放置于胸前，左手放在上方，左脚向前迈出。

（2）将壶底放至头顶，右脚向后，脚尖点地。

（3）左手从壶身滑至壶管的1/3处，用兰花指捏住壶管。

（4）眼睛注视目标杯子，右手下压，出水，同时身体向后倾斜45°，提壶收水。

第二式：春风拂面。

（1）右手握住壶柄，左手放在壶管根部。

（2）左脚、右脚交叉，左手的兰花指从壶根滑至离壶尖约1/3处。

（3）眼睛注视目标杯子，身体半蹲，放水时将壶慢慢向后托起。

（4）收水，身体缓缓站立，同时收回右脚，保持起始姿势。

第三式：回头一笑。

（1）右手握住壶，右脚交叉放在左脚的左上方，右手将壶管放在左腰处。

（2）左手背在身后呈兰花指，左脚交叉放在右脚的右上方，身体侧对桌子。

（3）眼睛注视目标杯子，放水时身体缓缓下蹲。

（4）托壶，收水，保持起始姿势。

第四式：观音沾水。

（1）右手握住壶，转壶，左手拍打壶身，将壶管放至背后；右脚交叉放在左脚的左上方。

（2）左右脚前后交叉，小拇指钩住壶尖，放水，身体慢慢下蹲。

（3）左手、右手同时缓慢向右托壶。

（4）收水，收回左脚，保持起始姿势。

第五式：怀中抱月。

（1）左手拿杯，右手拿壶。正对前方，右脚、左脚前后交叉，下蹲。

（2）将壶管放置于肩上，眼睛注视目标杯子，持壶下水。

（3）托壶，收水，收回右脚，身体直立。

（4）将水杯放回桌上，保持起始动作。

第六式：织女抛梭。

（1）右手拿壶，转身，身体侧对桌子。

（2）右脚、左脚前后交叉，下蹲。

（3）将壶管放置于肩上，眼睛注视目标杯子。

（4）下水，托壶，压腿。

（5）收水，收回右脚，保持起始动作。

第七式：蜻蜓点水。

（1）右手持壶，正对桌子。

（2）左脚、右脚前后交叉。

（3）左手放在背后呈兰花指，将壶管放至胸前。

（4）眼睛注视目标杯子，身体慢慢下蹲，准备下水。

（5）托壶，收水，收回右脚，保持起始动作。

第八式：木兰挽弓。

（1）右手持壶。

（2）转身，身体侧对桌子。

（3）左脚、右脚前后交叉下蹲。

（4）将壶管旋转至头顶，眼睛注视目标杯子。

（5）下水，托壶，压腿。

（6）收水，身体缓缓上升，收回右脚，保持起始动作。

第九式：贵妃醉酒。

（1）右手持壶，左手握住壶管的约1/3处。

（2）左脚交叉放至右脚的右上方，同时右手将壶转动一圈。

（3）身体下蹲，眼睛注视目标杯子。

（4）下水，托壶，压腿，收水。

（5）收回右脚，保持起始动作。

第十式：凤舞九天。

（1）右手握壶，左手拿杯，向前迈一步。

（2）左脚交叉放在右脚的右上方，下蹲。

（3）将壶管旋至头顶，眼睛注视目标杯子，放水，托壶，同时伸直左手和右手。

（4）身体缓缓上升，转至正前方。

（5）收水，收回右脚，保持起始动作。

第十一式：丹凤朝阳。

（1）抬起左脚，使大腿与地面平行，绷脚尖。

（2）右手持壶，将壶杆中部置于左腿上。

（3）眼睛注视目标杯子，将持壶手的手腕向下压，出水。

（4）将水线拉长，速度缓慢，提壶收水。

（5）收回左脚，保持起始动作。

第十二式：孔雀开屏。

（1）右手提壶把，左手握住壶管的约1/3处，左脚向前迈出。

（2）将壶从右侧逆时针旋转约到头顶，右脚向后退一小步，脚尖点地。

（3）左手用兰花指捏住壶管约1/3处，下水。

（4）身体向后倾斜，托壶（托壶时保持后倾，直至右脚稳稳踩实）。

（5）收水，把壶从头顶顺时针旋转下来，收回右脚，保持起始动作。

第十三式：凤凰点头。

（1）右手持壶，向前垂直，使壶管靠在右肩上。

（2）逆时针转动壶身，将壶身转至身体后方。

（3）左脚向前迈出一小步，右脚向后退一小步，脚尖点地。

（4）右手反扣住壶把，身体稍微前倾。

（5）将持壶手的手腕向下压，左手迅速移至与右手平行，眼睛注视目标杯子。

（6）出水，身体向下压，直至右脚稳稳踩实。

（7）收水，将壶杆绕回身前，保持起始动作。

第十四式：借花献佛。

（1）右脚与左脚前后交叉。

（2）右手持壶，将壶管放至左手臂弯处。

（3）下水，身体慢慢下蹲。

（4）托壶，使水呈抛物线状流出。

（5）收水，右手持壶，将壶管放至右肩，保持起始动作。

第十五式：反弹琵琶。

（1）右手拿壶，左手握住壶管的约1/2处。

（2）左脚向左跨出一步。

（3）右脚向左脚的右后方跨出一步，脚尖点地时将壶从右侧逆时针旋转至左肩。

（4）左手握住壶管的约1/3处，向下压，出水。

（5）托壶，身体向后倾斜，直到右脚踩实。

（6）收水，右手持壶，将壶管放置于右肩，保持起始动作。

第十六式：喜鹊闹梅。

（1）左手拿杯，右手持壶把，正对观众。

（2）左右脚前后交叉。

（3）左手顺时针旋转，右手持壶，从左后肩下水，水呈直线状。

（4）左手慢慢向上、向前举起，眼睛注视目标杯子，水呈抛物线状。

（5）收水，左手将杯子放至桌上，右手持壶，壶管放置于右肩，保持起始动作。

第十七式：鱼跃龙门。

（1）右脚向右跨出一步，双手持壶，置于身前，双脚下蹲呈马步。

（2）身体后仰（下腰），眼睛注视目标杯子，壶杆与身体平行，提壶出水。

（3）将水线拉长，速度减缓。

（4）双手持壶向上提壶，收水。

（5）收回右脚，保持起始动作。

第十八式：百鸟朝凤。

（1）右手持壶，垂直向前平举。

（2）左脚向前迈出，放于右脚前方。

（3）眼睛注视目标杯子，下水。

（4）将水线拉长，速度减缓，水线呈抛物线状。

（5）双手持壶向上提壶，收水。

（6）收回右脚，保持起始动作。

第四节
茶文化在青年思想教育中的应用研究

中华民族有着五千多年的灿烂文明，从"神农尝百草，日遇七十二毒，得茶而解之"开始，中国茶文化的发展已有四千多年的历史了。中华民族是伟大的民族，历史悠久，有着中国特有的民族精神和民族性格。

在现代化互联网的高速发展和信息大爆炸的时代，西方文化、韩流等各种文化的强烈冲击，以及各种思想的快速汇集、分解、再汇集，构成了复杂的思想环境。高校肩负着人才培养、科学研究和文化传承的重要使命。青年学子在高校聚集，各种知识分子荟萃于高校，高校既是知识传播的摇篮，也是各种思想相互较量的角斗场。中华文明的传承在这块阵地上不可忽视。高校学生的思想教育工作本身是一项极为复杂的工作，如何将以往的填鸭式教育转变为思想渗透式教育，将以往的纯理论说教式教育转变为实践引导式教育，是一个重要课题。让学生在潜移默化中感受传统文化的熏陶，在多种思潮汇聚的背景下进行正能量的思想引导。

茶文化是中华文化的重要一脉。茶文化的核心为茶道精神，它是茶文化的灵魂，是指导茶文化活动的思想准则。茶文化的重点表现形式是茶艺。通过品茗，人们能够产生思想和精神的追求，倡导廉、美、和、敬的中国茶德，力求达到清和、简约、求真求美的高雅境界。茶不仅可以强健身体，还能陶冶情操。将茶文化融入高校学生的思想教育中，能够使学生在学习茶文化历史知识的同时，传承中国传统文化和礼仪规范。学生通过茶艺之美，可以领略中国茶道精神，感受传统文化瑰宝，传承和发扬中华民族五千多年的文明，为实现中华民族伟大复兴的中国梦添砖加瓦。

一、概念及含义

中国不仅是茶树的原产地和茶的故乡，还是茶文化的发祥地。陆羽的《茶经》中记载："茶之为饮，发乎神农。"在漫长的历史长河中，这个有着五千多年文明的大国，从茶的发现、培育、采摘、制作、品饮，到茶文化各个方面的发展，都留下了人类进步历程中的光辉篇章。

（一）中国茶文化

1.文化

广义的文化指人类社会历史实践过程中创造的物质财富和精神财富的总和。狭义的文化指精神生产能力和精神产品，即精神财富，包括社会意识形态、技术科学、自然科学等，如教育、科学、文学、艺术等，也包括社会制度和组织机构。

2.茶文化

广义的茶文化指人类在社会历史发展过程中，与茶发展历程相关的物质和精神财富的总和，即在发现、发展和利用茶的过程中，以茶为媒介和载体，表达人与自然、人与人之间产生的各种物质与精神理念、思想感情和意识形态的总和。茶文化是以物质为载体，反映精神内容，是物质文明和精神文明高度和谐统一的产物；狭义的茶文化专指精神财富部分。

3.中国茶文化

中国茶文化在物态文化、制度文化、行为文化和心态文化四个方面体现了中华民族五千多年发展过程中的物态、制度、行为和心态的特点，反映了中国的民族精神、民族性格及文化特征。中国茶文化是中华传统文化的重要组成部分。

（二）思想教育

思，即意识运动的引起，思是意识的顺向运动。

想，即具有目的性的意识行为，想是意识的逆向运动。

思想，即运动的意识。思想是意识的向导。

正确的思想源于社会实践，是通过多次反复的实践与认识之间的转化而形成的。

思想，也称观念，是思想活动的结果，体现为认识。人们的社会存在决定了他们的思想。大多数基于客观事实的思想都是正确的，它对客观事物的发展起到了促进作用；反之，则是错误的思想，它对客观事物的发展起到了阻碍作用。思想是客观存在反映在人的意识中，通过思维活动产生的结果，关系到一个人的行为方式和情感表现。思想指导行动，是人类一切行为的基础和行动的起点。思想形成的必要条件是一定量的知识储备和思考。

教育，即教化和培育。教育是以现有的经验和学识为基础的，对人进行推敲，为人解释各种现象、问题或行为的活动。

二、茶文化对青年学子思想教育的影响

（一）社会主义的优越性

目前，全国上下茶文化之风大兴。在华夏大地上，各种茶事活动层出不穷：采茶开园节、祭茶祖、茶艺技能大赛、无我茶会、中国二十四节气茶会、亲子茶会、禅茶会等。习茶艺、行茶道、研究茶文化的行为已普遍存在，参与者包括茶业从业人员、社会雅士、大学校园的第二课堂、小学的课外培训班，以及高等学府的茶学专业实训室和各大城市遍地开花的茶艺馆等。

在中国茶文化的历史发展进程中，唐代是茶文化兴盛的开始。唐代是公认的中国较强盛的朝代之一。

改革开放以来，中国经济得到空前发展，人民的生活水平日益提高。据国家统计局发布的《中华人民共和国2023年国民经济和社会发展统计公报》显示：2023年我国国内生产总值达到1260582亿元，比上年增长5.2%；国民总收入1251297亿元，比上年增长5.6%；全国居民人均可支

配收入 39218 元，比上年增长 6.3%，扣除价格因素，实际增长 6.1%。

国家统计局发布的《中华人民共和国 2022 年国民经济和社会发展统计公报》显示：2022 年全年国内生产总值 1210207 亿元，比上年增长3.0%；全国居民人均可支配收入 36883 元，比上年名义增长 5.0%，扣除价格因素，实际增长 2.9%。在改革开放四十多年后的时间里，从 2022 年和 2023 年国家统计数据来看，人均可支配收入现接近 4 万元，且仍呈增长趋势。

在社会主义初级阶段，我国各族人民的共同目标是把我国建设成为富强、民主、文明、和谐的社会主义国家。纵观茶文化的历史，唐代国富民强，茶文化蓬勃发展。如今，我国经济水平日渐提高，人民生活得到了极大满足，茶文化在华夏大地上盛行。社会主义的优越性在这一过程中得到了充分体现。

经济的发达和物质生活的充裕，促使人们追求精神的享受。如果物质充裕而精神未能得到丰富，就会导致思想空虚，进而人心浮躁、社会不安。在社会优越性充分体现的同时，我们需要有意识地丰富社会文化生活。

（二）中华民族的自豪感

案例：在四川某大专职业院校的茶艺课堂上，一部分学生不知道"炎黄子孙"的含义，不知道《论语》的来源，甚至不知道老子是道家的还是儒家的。学生自称"五千多年泱泱大国的华夏子孙"，但实际上对这些文化根源并没有深入了解。

影响分析：我国现存较早的中医医药典籍《神农本草经》记载："神农尝百草，日遇七十二毒，得茶而解之。"其中"荼"，又称"古茶"，是"茶"的古字。中唐时期，才出现了"茶"字。神农，即为炎帝，华夏太古三皇之一，是我国上古时代一位被神话了的人物。《帝王世纪》记载："炎帝神农氏长于姜水，始教天下耕种五谷而食之，以省杀生。"《辞海》称神农为传说中农业和医药的发明者。神农不仅驯化了五谷，而且教会百姓识别可食用的植物和药物。在尝试百草时，神农身中七十余种毒，得"荼"而解毒。这一记载是目前为止有据可查的较早的关于茶的文字记载，并表明了茶具有药用功能。神农被世人尊称为"五谷王""五谷先帝""神农大帝"等。

华人自称炎黄子孙，华人将炎帝与黄帝共同尊奉为中华民族的人文始祖，炎帝与黄帝象征着中华民族团结、奋斗的精神。中国茶文化与中华文明一脉相承。通过学习茶文化，高校学生能够追根溯源，深化对传统文化的认识。中国茶文化蕴含着丰富的文化知识，涵盖历史、艺术、书法、音乐等多个方面，具有深厚的精神内涵，包括儒家的治世机缘、佛家的淡泊节操以及道家的浪漫理想。通过茶艺的学习和茶道精神的塑造，学生可以深入了解茶文化知识，这种学习经历也将涉及各类中国传统文化，构成中华民族传统文化的学习框架，从而使学生树立强烈的中华民族自豪感。

（三）修身齐家的自律性

案例：现代高校学生从家长和学校高压的高中时代步入大学。高校的管理相对自由，更多依赖于学生自身的自我成长和约束。在智能文化盛行的今天，许多学生与手机为伴、电脑为友，不修边幅，内心很有可能空虚，精神世界亟待充实。

影响分析：在习茶艺、修茶道的过程中，学生能够潜移默化地对哲学、艺术、文学、书法、中国古典音乐乃至插花、香道、古琴等知识有涉猎。

茶艺之美讲求五美：境美、水美、器美、茶美和艺美。在习茶艺的过程中，除了茶叶本身带来的身体健康之美，追求茶席物态的艺术之美，更重要的是茶艺师在茶艺过程中的灵动之美。茶的沏泡艺术之美包括茶艺师的仪表之美和心灵之美。

仪表之美指沏泡者的外形之美，包括容貌、姿态和气质风度；心灵之美则是通过沏泡者的动作、神情和姿态表现其内心、思想与精神的。姿态是指身体呈现的样子，沏茶者的坐、立、行，以及举手投足，一举一动中都体现了他的状态。

容貌之美不仅指外表之美，更重要的是内在美，包括沏茶者较高的文化修养、得体的行为举止，以及自信、从容不迫的神韵，这些共同凸显出容貌之美。因此，习茶者的容貌之美主要指气质和神韵之美。

习茶艺须以茶文化知识为支撑，茶道精神为内涵，这包括历史、艺术、道德、哲学、宗教等的各个方面。学习茶文化能够使学生成为内外兼修、德才兼备的人。

茶艺作为一种载体，茶道作为一座桥梁，茶文化作为媒介，能够引领高校学生进行自我修养。高校学生可以通过文化修养来丰富自己的内心精神世界。

三、实施原理与路径

（一）实施原理

实施原理见图4-21。

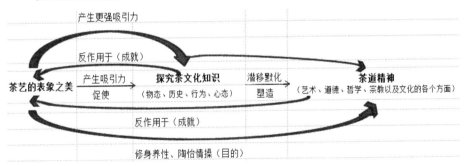

图4-21　实施原理

将茶文化引入高校学生的思想教育中，其显著作用是青年学子对茶艺的表象之美容易产生浓厚的兴趣，从而促使高校学生探究相关的茶文化知识。茶文化是中国传统文化的一部分，是华夏文明的重要分支。高校学生需要了解和学习与茶文化相关的物态文化、历史文化、行为文化和心态文化。这一过程中，高校学生必然会对中国文化进行深入探讨与研究，从而在潜移默化中塑造丰富的茶道精神。丰富的茶道精神内涵和茶文化修养必将展现更美的外在姿态，并反作用于茶艺的表象之美。这样的变化对高校学生的精气神、外在表现和神韵都将产生积极影响，使高校学生对茶文化相关知识的求知欲更为强烈，进一步促进茶道精神的形成，促使高校学生塑造良好的行为习惯和人生品格。这种教学方式以实践性、体验性、主动性和渗透性为主，在思想教育中能够发挥积极的促进作用。

（二）实施方法

1.相关专业开设必修课

在旅游管理、酒店管理、空乘、涉外旅游、涉外英语等专业开设茶文化相关必修课程。部分高校已有先例：雅安职业技术学院旅游管理专业将"茶艺与茶道"设为专业核心课程；眉山职业技术学院旅游管理专业和酒店管理专业将"茶艺"设为专业核心课程等。

2.在全院开设公共选修课

在高校开设公共选修课，不论专业，只要对茶文化感兴趣的学生均可选择相关课程。例如，雅安职业技术学院每年开设的公共选修课人数均接近300人，且学生选课经常显示满选和争相选择的情况。

3.建立学生社团

高校应充分发挥学生社团的作用。高校可以以茶艺表演队、茶技社、国茶学会等形式建立学生社团，充分调动学生的主观能动性，鼓励学生自发组织、策划相关的学习和活动。

4.开展各类以茶文化为主题的学生活动

形式多样地开展各种学生活动，例如茶艺技能大赛、茶艺师风采展示大赛以及茶会等，以在学校营造浓厚的茶文化和传统文化氛围。

5.与社会接轨，开展各类社会活动

位于茶产区的院校应积极与地方政府和茶企合作，将行业活动引入学校，让学生走出去。校企合作和校政合作能够促使学生学习传统文化知识，有助于学校茶文化氛围的营造，并为地方产业的经济发展服务。远离茶产业的院校可以与社会机构（例如，茶文化协会、茶艺馆、茶文化培训等）联合，以提升茶文化的影响力。

第二编
在中国茶文化进程中的南路边茶

　　南路边茶，又称藏茶，是中国黑茶的典型茶品，被誉为"黑茶鼻祖"。距今已有1300多年，是藏族同胞的民生之茶，对边疆地区人民的生活起到了不可或缺的作用。南路边茶在中国茶文化中占有重要地位，是中国茶文化独特而重要的组成部分。它不仅是四川地区的一种传统茶叶，还具有深厚的历史和文化价值。

　　自古以来，雅安适宜的气候条件和独特的地理位置是其能够出产优质茶叶的基础。从唐朝开始，或许更早的时期，雅安产的茶叶就曾被进贡皇室，并作为皇室祭天祀祖的专用茶。雅安地区得天独厚的自然条件和严格的原料管理，为南路边茶提供了优质的原料，使南路边茶成为独具特色的黑茶品种。

　　南路边茶的制作工艺独特，具有重发酵、后发酵、多次发酵、非酶促发酵和转色发酵等特点。这种发酵工艺源于运输过程中的意外，即茶叶在运输途中被雨水淋湿后晒干，如此反复，促成了发酵。人们经过总结和实践，最终形成了南路边茶的生产工艺。

　　南路边茶属于黑茶类，是深度发酵茶，其茶性更加柔和，在健康方面也具有特殊作用。南路边茶不仅是茶马古道的历史见证，还是民族团结的象征以及非物质文化遗产和民族社交的媒介，具有重要的文化意义。

　　南路边茶不仅是西藏地区人民日常饮用的茶品，还与酥油结合，

"驯服"了难以消化的酥油，缔造出了影响西藏地区人民日常生活的酥油茶。

雅安作为南路边茶的原产地，同样成为川藏茶马古道的起点。位于名山区新店镇的茶马司遗址，就是目前我国现存的古代茶马交易管理机构遗址。2013年3月，茶马古道被列为全国重点文物保护单位。

2022年11月，"中国传统制茶技艺及其相关习俗"被联合国教科文组织列入《人类非物质文化遗产代表作名录》。

现今，雅安致力于茶园的绿色化创建、清洁化生产、标准化建设，推动茶产业的绿色发展和转型升级，着力促进南路边茶的高质量发展。

第五章
历 史 沿 革

　　南路边茶，又称藏茶，是中国黑茶的一种，主要产于四川雅安，雅安地区气候湿润，土壤肥沃，非常适合茶树生长。南路边茶有着1300多年的历史，因其地理位置而得名。西藏地区属高寒地区，藏族人民的主食为糌粑和牛羊肉，较少摄入水果、蔬菜等富含维生素的食品。糌粑干燥，牛羊肉的脂肪含量和热量都很高，过多的脂肪在体内不易分解。茶叶具有清热解毒、助消化、补充人体所需维生素等功效。因此，藏族人民在长期的生活中，养成了喝酥油茶的习惯。藏族人民将南路边茶与酥油相结合形成了酥油茶，酥油茶成为藏族同胞不可或缺的日常饮品。

　　茶树的生长需要良好的生态环境和适宜的气候。清乾隆后，川茶分为南路边茶和西路边茶。雅安市以及天全县、荥经县等地产的边茶多销西藏地区，称为南路边茶。灌县、崇庆、大邑等地产的边茶专销川西北松潘、理县等地，称为西路边茶。

第一节
植茶优渥的自然条件

"扬子江心水，蒙山顶上茶"[①]。雅安位于四川盆地和青藏高原的交会地带，拥有得天独厚的自然条件。自古以来，雅安就出产优质茶叶。从唐朝开始，雅安生产的茶叶便被进贡给皇室，作为皇室祭天祀祖的专用茶。雅安属于亚热带湿润气候，年均温度适中，雨量充沛且多雾。雅安地区地处山区，海拔适中，土层深厚，土壤多为酸性或微酸性，为茶树生长提供了理想的气候条件。雅安的生态环境良好，空气质量高，水质纯净，有利于培育高品质的茶叶。

雅安独特的地理环境和优质的气候条件以及严格的原料管理标准，为南路边茶提供了丰富的产业原料，为南路边茶的发展奠定了基础，自然条件使其成为独具特色的黑茶品种。

一、茶树生长的环境要求

茶树生长对环境有一系列的要求，这些条件直接影响茶树的健康生长和茶叶的品质。以下是茶树生长的一些主要环境要求。

---

① "扬子江心水，蒙山顶上茶"的溯源要从"扬子江心水"谈起。唐朝张又新在《煎茶水记》中记载："称较水与茶宜者，凡七等：扬子江南零水第一。""南零水"又称中泠水（扬子江心水），位于江苏镇江金山，为"天下第一泉"。唐朝李肇在《国史补》中记载："剑南有蒙顶石花，或小方，或散芽，号为第一"较早将"扬子江心水"与"蒙山顶上茶"相提并论的，是宋代诗人陆游的《卜居》，诗中写道："雪山水作中泠味，蒙顶茶如正焙香。"元代李德载在《阳春曲·赠茶肆》中说："蒙山顶上春光早，扬子江心水味高，陶家学士更风骚。应笑倒，销金帐饮羊羔。"明代陈绛在《辨物小志》中写道："谚云，扬子江中水，蒙山顶上茶。"至此，历经300余年演变，茶联正式形成，并流传至今。天下好茶，皆需好水。"扬子江心水，蒙山顶上茶"已成好茶、好水的千古绝唱。

（一）光照

茶树对光照的需求是其进行光合作用和生长发育的重要条件之一。茶树需要充足的阳光来进行光合作用，但它们更适合在漫射光或散射光条件下生长。过强的直射光可能导致叶片被晒伤，从而影响茶叶的品质。茶树的生长受光照时间的影响，在春季和秋季，较长的光照时间和适宜的温度有利于茶树的生长和茶叶品质的形成。茶树对不同波长的光有不同的响应。例如，蓝光和红光对茶树光合作用的促进作用较大，而紫外线则对茶树造成不利影响，但在一定范围，紫外线也能促进某些香气物质的形成。适度遮阴可以降低光照强度，减少高温对茶树的不利影响，并有助于提高茶叶的氨基酸含量，从而提高茶叶的品质。

茶树在不同季节对光照的需求不同。在茶树的生长季节，充足的光照有利于茶树的生长，而在冬季，茶树进入休眠期，对光照的需求减少。茶树生长地的地形和海拔也会影响光照。例如，高海拔地区的云雾可以提供天然的遮阴屏障，同时漫射光较多，有利于茶树的生长。适宜的光照有助于茶树合成营养物质，促进新梢的生长，并对茶叶的色泽、香气和滋味等品质特征的形成具有重要促进作用。

（二）温度

温度直接影响茶树的生理活动和生长周期，茶树的生长对温度有特定的要求。茶树生长的适宜气温一般在20—30℃。在这个温度范围，茶树的光合作用和新陈代谢活动较为活跃。茶树开始生长的起点温度通常是日平均气温稳定在10℃。在这个温度以上，茶芽开始萌动。在茶树的生长季节，生物学有效温度（日平均气温10℃以上）的累积值被称为有效积温。茶树生长所需的适宜有效积温一般在4000℃以上，而我国茶区的年有效积温通常在4000—8000℃。茶树具有一定的抗寒能力，但不同品种和树龄的茶树对低温的耐受性有所不同。

一般而言，当气温下降到−10℃以下时，茶树可能会受到冻害。一些抗寒性较强的茶树品种可以在更低的温度下存活。茶树对高温的耐受性也有限，如果气温持续超过35℃，茶树的生长会受到抑制，甚至可能导致热害。此外，昼夜温差对茶树的光合作用和物质积累有显著影响：白天温度较高有利于光合作用，而夜晚温度较低则影响了呼吸作用。极端的低温和高温都会对茶树造成伤害，极端低温可能导致冻害，而极端高温可能导致热害，进而影响茶树的生长和茶叶的品质。在冬季，茶树进入休眠期，此时对温度的需求较低，但需要避免极端低温造成的伤害。随着春季气温回升至适宜范围，茶树开始复苏，新芽开始萌发。

（三）水分

茶树对水分的需求较高，必须确保有充足的降水或灌溉用水。土壤湿度应保持在持水量的80%—90%，避免水分过多导致根部腐烂。水分是茶树生长和发育过程中至关重要的因素，茶树生长对水分条件有基本要求。茶树的需水量包括生理需水和生态需水两个方面。生理需水是指茶树在生长过程中各项生理活动（如蒸腾作用和光合作用等）所需的水分；生态需水是指在生育过程中为茶树创造良好的生长环境所需的水分。茶树植株的含水量应达到55%—60%，而新梢的含水量高达70%—80%。

茶树的需水量高于一般树木。通常认为，在年降水量超过1000毫米、月降水量超过100毫米、空气相对湿度超过70%、土壤田间持水量超过60%的条件下，能够满足茶树生长发育的基本要求。国内外研究表明，年降水量在2000—3000毫米、茶季月均降水量在200—300毫米、大气相对湿度在80%—90%及土壤田间持水量在70%—80%时，较适合茶树的生长与发育。茶树在生长期间，空气相对湿度维持在80%—90%为佳。当空气相对湿度低于60%时，土壤的蒸发和茶树的蒸腾作用会显著提升，可能导致土壤干旱，从而影响茶树的正常生长。此外，茶树对土壤含水量的要求也随生育时期、品种、土壤质地、孔隙状况以及透水性等变化而变化。适宜的土壤含水量能够促进茶树生长。当水分充足时，茶树的新梢叶片较大、节间较长，新梢持嫩性强、叶质柔软、内含物丰富，茶叶的品质较高。然而，在水分不足的情况下，茶树的光合作用效率和芽叶的生长发育将受到影响。

一般认为，年降雨量在1500毫米左右较适合茶树生长。在茶树的生长期，平均每月降雨量达到100毫米也可以满足其需求。成龄茶园的日平均耗水量在冬季约为1.3毫米。3—5月（春茶期间）日耗水量为3—4毫米；7—8月（夏秋季）日耗水量为5—7毫米；在9月以后，气温下降，日耗水量逐渐减少。

这些信息表明，水分是茶树生长的关键因素之一，适宜的水分对保证茶树的健康生长和生产高品质的茶叶至关重要。

（四）土壤

茶树生长的土壤条件对其健康和茶叶品质有重要影响。茶树对土壤条件有一些基本要求：茶树是喜酸植物，适宜在酸性土壤中生长。一般来说，土壤pH值在4.0—6.0茶树均可生长，pH值4.5—5.5较为适宜。在土壤质地方面，沙质土壤较佳。过于沙性的土壤保水和保肥能力均较弱，此时茶树易受旱害；过于黏重的土壤通气性较差，不利于根系吸收水分和养分。茶树根系发达，需要土层深厚以支持它良好生长。土层厚度一般应不少于60厘米，高产茶园的土层厚度通常在2米以上。茶树对土壤养分有特定要求，三大要素（氮、磷、钾）的含量必须充足。土壤有机质含量在1.5%—3.5%较佳，高产优质土壤的有机质含量一般在2.0%以上。土壤含水量对茶树生长至关重要，适宜的土壤含水量能促进茶树生长。当土壤相对含水量在70%—90%时，茶树的生理和生化指标较好。良好的土壤通气性有助于茶树根系的健康生长和养分吸收，而良好的排水性可以防止水分过多导致根系腐烂。此外，土壤微生物在肥力的形成和植物营养的转化中发挥着重要作用。丰富的有机质和微生物活动有助于提高土壤肥力。茶树需要的土层深度至少为100厘米，以确保茶树根系能够良好生长。除了酸碱度，土壤中的养分含量（例如有效氮、有效磷、有效钾等）也是茶树生长的重要考量因素。

综上所述，茶树生长的土壤条件需要综合考虑，以确保茶树的健康生长和优质茶叶的生产。

（五）植被

茶树生长的植被环境对其生长和茶叶品质有着显著的影响。以下是一些关于茶树生长植被环境的关键点：植被多样性，丰富的植被能够提供更稳定的生态条件，有助于维持土壤肥力和水分，同时促进生物多样性，包括茶树生长所需的有益昆虫和微生物；适当地遮阴，适当遮阴对茶树生长是有益的，它可以减少阳光的直射，降低温度，提高空气湿度，从而为茶树创造一个更加舒适的生长环境；植被覆盖率，植被覆盖率高的地区通常土壤品质较好，能够减少水土流失，有利于土壤养分的积累和水分的保持；植被类型，不同类型的植被对茶树生长的影响各不相同。例如，一些植被可以改善土壤结构，提升有机质含量，而某些植被可能会与茶树竞争养分和水分。植被可以影响茶园的微气候，包括温度、湿度和风速等，这些因素都会对茶树的生长和茶叶品质产生影响。植被具有多样性有助于减少病虫害的发生，减少茶树对农药等的依赖，提高茶叶的安全性。此外，植被的存在有助于维持土壤微生物的多样性和活性，这些微生物参与土壤养分的循环，对茶树根系的健康至关重要。植被的根系可以改善土壤结构，提升土壤的通气性和透水性，有利于茶树根系的扩展和养分的吸收。同时，植被的枯落物可以增加土壤有机质，促进养分循环，提高土壤肥力。同时，植被不仅对茶树生长有益，还能美化茶园景观，提高茶园的生态旅游价值。

因此，植被是茶树生长环境中的一个重要组成部分，对茶树的健康生长和茶叶品质有着不可忽视的影响。在茶园管理中，合理规划和维护植被环境是非常重要的。

（六）空气质量

茶树生长对空气质量有一定的要求，良好的空气质量有助于茶树的健康生长和茶叶品质的提升。以下是空气质量对茶树生长的一些影响：污染物质的影响，空气中的污染物，例如硫化物、氮化物和粉尘等，如果含量过高，可能会通过叶片的气孔进入茶树体内，影响茶树的新陈代谢和生长发育，从而降低茶叶品质；氧气的供应，茶树进行光合作用需要充足的氧气，良好的空气质量意味着氧气含量充足，有利于茶树的生长；微生物活动，空气质量好，有助于土壤中微生物的活动，有益的微生物能够参与土壤养分的转化，对茶树根系的健康生长和养分吸收具有积极作用；湿度与降雨，空气质量与湿度和降雨有关，良好的空气质量通常意味着有适宜的湿度，有利于茶树的水分保持和蒸腾作用的平衡；光照条件，空气质量好，能见度高，有利于阳光的穿透，能够为茶树提供充足的光照，这对茶树进行光合作用至关重要；小气候调节，空气质量好，有助于调节茶园的小气候，维持适宜的温度，避免极端温度对茶树造成的影响；生态系统平衡，良好的空气质量有助于维持茶园生态系统的平衡，减少病虫害的发生，提高茶树的抵抗力；高山茶园的优势，高山茶园通常空气质量较好，远离工业污染，加之云雾缭绕，有利于形成高品质的茶叶。

综合来看，良好的空气质量是茶树生长的重要条件之一，对维持茶树健康和提高茶叶品质具有积极作用。

（七）地形条件

茶树生长的地形条件对茶叶的品质和产量都有着显著影响。海拔对茶树生长有重要影响。一般来说，随着海拔的升高，气温会降低，湿度会增加，有助于茶树生长，尤其是高海拔地区，云雾多，漫射光强，有利于茶树的生长和茶叶品质的形成。然而，海拔过高可能会导致冻害，一般认为1000米以上的地区可能会有冻害风险。茶树种植的坡度不宜过大，一般推荐在30°以下。坡度较大的地区可能会有水土流失，影响土壤养分的保持和积累，坡向对茶树生长也有一定的影响。南坡由于日照充足，通常更适宜茶树生长，不同坡向的光照、温度和湿度不同，这都会影响茶树的生长和茶叶品质形成。地形条件，例如山脉、山谷等可以影响局部气候，为茶树提供适宜的生长环境。例如，山谷地区可能湿度较大，云雾多，有利于优质茶叶的生产。同时，良好的排水条件对茶树生长至关重要，它能够解决根部病害和水浸问题。地形会影响土壤的发育和特性，进而影响茶树的生长。例如，山地土壤可能更疏松、排水较好，而平原土壤可能更黏重。地形可以影响风向和风力，适当的风力有助于调节茶园的微气候，但强风可能会对茶树造成物理伤害。地形可能会影响植被分布，植被覆盖可以达到遮阴效果，调节温度和湿度，对茶树生长有利。地形决定了水源的分布，良好的水源供应对茶树的生长和发育至关重要。地质结构会影响土壤的矿物质成分，进而影响茶树对营养元素的吸收。

综合考虑这些地形条件，有利于茶农选择适宜的茶树种植地点，从而提高茶叶的产量和品质。

二、南路边茶生产的地理环境

雅安位于四川中部，是著名的茶叶产区，拥有得天独厚的地理气候条件，非常适合茶树生长。雅安属于亚热带湿润气候，四季分明，夏无酷暑，冬无严寒，多雨、多云、多雾。这种气候条件为茶树提供了适宜的生长环境，有利于茶树的生长和茶叶品质的形成。雅安地区降水量充沛，年降水量在1000—1400毫米，能够满足茶树对水分的需求，促进茶树的生长并保持茶叶的嫩度。雅安地区地形多样，有山地、丘陵和盆地等，其中山地地形具有良好的排水条件，避免了积水和根部病害。雅安地区的土壤类型多样，以红壤、黄壤为主，土壤肥沃，有机质含量高，适合茶树根系的生长和养分的吸收。雅安地区海拔高度适中，山区的高海拔地区云雾缭绕，有利于形成高品质的茶叶。雅安地区光照适中，山区云雾较多，形成较多的漫射光，有利于茶树进行光合作用，同时避免了强光直射对茶树造成的伤害。雅安地区温度适宜，年平均气温在15—20℃，有利于茶树的生长和茶叶品质的提升。雅安地区植被覆盖率较高，有利于保持土壤湿度，减少水土流失，同时植被多样性也有助于维持生态平衡，减少病虫害。雅安地区空气质量较好，无明显工业污染，有利于茶树的健康成长。雅安有着悠久的茶叶种植历史，是茶马古道的起点之一，有丰富的茶叶种植和加工经验。

雅安地区的地理条件为茶树的生长提供了良好的自然环境，使得雅安地区能够成为中国重要的茶叶生产基地之一，尤其是蒙顶山茶等名优茶的生长。

（一）光照

雅安是中国四川的一个城市，位于四川盆地的西部边缘，拥有独特的地理和气候条件，这些条件对茶树的生长有着重要影响。以下是雅安地区茶树生长的光照条件特点。

雅安地区地形复杂，光照受海拔、云雾、植被等因素的影响。山区云雾较多，能降低光照强度，形成较多的漫射光，有利于茶树生长。日照时间受季节和天气影响，春季和秋季可能日照时间较长，有利于茶树进行光合作用。茶树对光照有特定的要求，雅安地区云雾缭绕的环境可能提供较多的蓝紫光，有助于促进氨基酸、蛋白质等的合成，对提升茶叶品质具有积极作用。不同季节的光照条件有所不同，雅安地区四季分明，这对茶树的生长和茶叶品质的提升具有促进作用。雅安地区多山，不同坡度和坡向的茶园有不同的光照。一般而言，南坡的光照较多，而北坡相对较少。雅安地区的茶园通常有自然或人工遮阴，这有助于调节光照强度，为茶树提供适宜的生长环境。此外，雅安多云雾的气候使得云雾能够反射和散射阳光，减少直射光，从而为茶树提供柔和的光照条件。海拔高度也对光照条件产生影响。在高海拔地区，紫外线较强，这可能对茶树的生长造成一定的影响。同时，植被覆盖率高的地区，茶树可能接受直射光较少，但漫射光和散射光较多，这有助于提高茶叶的品质。

雅安地区的光照条件对茶树的生长和茶叶品质的提高有着一定的促进作用。

（二）温度

雅安地区的气候条件对茶树生长非常有利。以下是雅安地区温度条件对茶树生长的影响。

年平均气温：雅安地区年平均气温在15—20℃，最高年平均气温为16.1℃，最低年平均气温为14.7℃，变幅1.4℃。这个温度范围非常适合茶树的生长。

冬季温度：雅安地区冬季温度适中，1月份最冷，平均温度为5.4℃

左右，极端最低气温为－5.4℃。茶树可以安全越冬，不会受到严重的冻害。

夏季温度：雅安地区夏季温度不高，7月份最热，平均温度为24.4℃，极端最高气温为34.7℃。避免了高温对茶树生长的不利影响。

年积温：茶树在10℃开始萌芽生长的年积温为4790.3℃，雅安地区为茶树生长发育提供了良好的生长环境，年生长期可达9个月。

昼夜温差：昼夜温差适中，夜间降雨是白天的2倍多，有利于茶树积累养分和提高品质。

四季分明：雅安地区四季分明，但冬无严寒夏无酷暑，为茶树提供了稳定而适宜的生长环境。

湿度：雅安地区年均相对湿度为80％—83％，为国内高湿区之一。高湿环境有利于茶树的生长和茶叶品质的提升。

降水量：雅安地区年均降雨量为1500毫米以上，雨量充沛，阴雨天多，有利于茶树生长。

综上所述，雅安地区的温度条件非常适宜茶树的生长，为茶树提供了良好的生长条件，有利于生产高品质的茶叶。

（三）水分

雅安地区的水分条件对茶树生长非常有利。以下是雅安地区水分条件对茶树生长的影响。

年降雨量：雅安地区年均降雨量在1500毫米以上，较多年份可达2000毫米左右，较少年份也有1000毫米左右。这样的降雨量为茶树的生长提供了充足的水分。

空气湿度：雅安地区年均相对湿度为80％—83％，属于国内高湿区之一。高湿环境有利于茶树的生长和茶叶品质的提升。

土壤水分：雅安地区的土壤是含有较多有机物的砂质壤土或砂砾质黏土，表土层深厚，组织松软，养分丰富，易于排水，适宜茶树生长。

昼夜变化：雅安地区夜间降雨是白天的2倍多，年平均雨日达200天，有利于茶树生长。

季节分布：雅安地区夏秋季（5月至10月）平均降雨量在1000—

1400毫米，占全年的85%左右；冬春季（11月至次年4月）平均降水量仅222.8毫米左右，占全年的15%左右。夏季降水量约占全年的58%，冬季降水量约占全年的4%。

蒸发量：雅安地区年均蒸发量为950毫米左右，占全年降水量的67%左右。

土壤含水量：茶树生长需要适宜的土壤含水量。土壤含水量过多或过少都会影响茶树的生长。雅安地区土壤含水量适中，有利于茶树根系的生长和养分的吸收。

水质：茶树对水质也有一定的要求，偏酸性的水质有利于维持土壤的酸碱度，有利于茶树生长。

地形影响：雅安地区多山，地形会影响降水的分布和土壤含水量的保持。山区云雾多，有利于保持空气和土壤的湿度。

综上所述，雅安地区得天独厚的水分条件为茶树的生长提供了良好的基础，有利于生产高品质茶叶。

（四）土壤

雅安地区的土壤条件对茶树生长非常有利，以下是雅安地区土壤对茶树生长的影响。

土壤类型：雅安地区土壤以红壤、黄壤为主，这些土壤通常含有较多的有机质，土层深厚，结构松软，养分丰富，易于排水，为茶树提供了良好的生长条件。

土壤酸碱度：茶树喜欢生长在酸性或微酸性的土壤中，其较适宜的土壤pH值为4.5—5.5。雅安地区土壤pH值多在适宜茶树生长的范围，有利于茶树的健康生长和茶叶品质的形成。

土壤肥力：雅安地区土壤肥力较高，有机质丰富，全氮、有效磷和速效钾含量适中，这些元素对茶树的生长至关重要。

土壤厚度：雅安地区土壤厚度适中，深厚的土层有利于茶树根系的生长，能为茶树的生长提供充足的空间和养分。

土壤水分：雅安地区土壤良好的排水性能和适宜的水分保持能力，有助于维持茶树生长所需的水分。

土壤微生物：雅安地区土壤中微生物的多样性和活性对茶树根系的健康生长和养分吸收具有积极作用。

土壤改良：在一些土壤条件不是特别理想的地方，通过科学的土壤改良和管理措施，也能为茶树创造良好的生长环境。

土壤污染：雅安地区森林覆盖率较高，自然环境优越，土壤受污染较少，有利于保证茶叶的品质。

土壤结构：良好的土壤结构有助于茶树根系的呼吸和吸收水分及养分。

土壤管理：合理的土壤管理，例如合理施肥、耕作和病虫害防治等，对维持土壤肥力和茶树健康生长至关重要。

雅安地区的土壤条件为茶树提供了得天独厚的生长环境，是生产高品质茶叶的重要基础。

（五）植被

雅安地区植被茂盛，为茶树生长提供了良好的生态环境。以下是雅安地区植被对茶树生长的影响。

植被多样性：雅安地区地处四川盆地与青藏高原的过渡地带，植被类型多样，从常绿阔叶林到针叶林，再到高山草甸等合理分布，这种具有多样性的植被环境有利于茶树生长。

植被覆盖率：雅安地区植被覆盖率较高，有助于保持土壤湿度以及调节气候，为茶树提供适宜的生长环境。

植被对土壤的影响：植被的存在有助于形成和保持土壤肥力，植被的枯落物分解后能增加土壤有机质，改善土壤结构，从而有利于茶树根系生长和养分吸收。

遮阴效果：雅安地区植被茂盛，自然遮阴效果良好，有助于降低光照强度，形成漫射光，这对于喜阴的茶树来说，是十分有利的。

微气候调节：植被通过蒸腾作用参与地区水循环，有助于调节茶园的微气候，为茶树提供更加稳定的温度和湿度。

生物多样性：植被丰富的地区通常也具有生物多样性，这有利于维持茶园生态系统的健康，减少病虫害的发生。

土壤保护：植被的根系有助于固定土壤，减少水土流失，保护茶树根系不受侵蚀。

生态茶园建设：雅安地区积极推进生态茶园建设，通过植被多样化种植，构建健康、稳定的茶园生态系统，有利于提升茶叶品质。

茶园景观：植被不仅对茶树生长有益，还能美化茶园景观，提升茶园的生态旅游价值。

环境净化：植被通过吸收空气中的有害物质，净化环境，有利于茶树的生长。

雅安地区得天独厚的自然条件和丰富的植被为茶树的生长提供了优越的环境，有助于生产高品质的茶叶。从古至今，南路边茶就是在这样的自然环境中形成并发展壮大的。

（六）空气质量

雅安地区具有得天独厚的地理气候条件，非常适宜茶树生长。雅安地区的空气质量对茶树生长具有以下影响。

环境生态：雅安被誉为"一座最滋润的城市"，雅安地区生态良好、空气清新，土壤多为酸性或微酸性，是较适宜茶树生长的地方。

气候特征：雅安地区受大陆季风气候和东南暖湿气流影响，北部五县降水丰富，年均1500毫米以上；雅安地区日照适中，年日照时数为800—1050小时；雅安地区空气湿度大，年均相对湿度为80%—83%，有"西蜀漏天""雨城"之称。

土壤条件：雅安境内多山，土壤中含有较多有机物，表土层深厚，组织松软，养分丰富，易于排水，适宜茶树生长。

四季分明：雅安四季分明，夏无酷暑，冬无严寒，多雨、多云、多雾，为茶树提供了良好的生长环境。

空气质量：雅安的空气质量优良，有利于茶树的光合作用和蒸腾作用，有利于茶树健康生长。

降雨量：雅安年均降雨量1501.5毫米，降雨较多年份达2118.7毫米，较少年份仅1040.1毫米，较多年份是较少年份的两倍多。雅安地区夏秋季（5月至10月）降雨量在1000—1400毫米，约占全年的85%，冬春季

（11月至次年4月）降水量平均仅为222.8毫米，约占全年的15％。

空气湿度：雅安地区年均相对湿度为80％—83％，是国内高湿区之一。雅安地区雨量充沛，阴雨天多，日照少，空气含水量多。

综上所述，雅安地区的空气质量优良，生态条件得天独厚，为茶树的生长提供了良好的环境基础，有利于生产高品质的茶叶。

（七）地形条件

地形条件对气温、降雨量、土壤条件等均有影响。雅安位于四川盆地西缘，是成都平原向青藏高原过渡的盆周山区，具有得天独厚的地理以及气候条件，非常适宜茶树生长。以下是雅安地区地形条件对茶树生长的影响。

地理位置：雅安地区地理位置为东经101度至103度，北纬28度至30度，海拔515.97米至5793米，辖区面积1.50多万平方千米。这种独特的地理位置为茶树提供了多样化的生长环境。

地形地貌：雅安辖区多山，土壤中含有较多的有机物，表土层深厚，组织松软，养分丰富，易于排水，适宜茶树生长。

四季分明：雅安地区四季分明，夏无酷暑，冬无严寒，多雨、多云、多雾，为茶树提供了良好的生长环境。

气温条件：雅安地区气温年均15.4℃，最高年16.1℃，最低年14.7℃，变幅1.4℃。1月最冷，平均温度为5.4℃；7月较热，平均温度为24.4℃，年较差19.0℃。这样的气温非常适宜茶树生长。

降水量：雅安地区年均降雨量为1501.5毫米，较多年份达2118.7毫米，较少年份仅1040.1毫米，较多年是较少年的两倍多。夏秋季（5月至10月），降水量平均为1297.1毫米，约占全年的85％，冬春季（11月至次年4月）降水量平均仅222.8毫米，约占全年的15％。

土壤条件：雅安地区土壤质地黏重，重壤和轻壤土约占耕地的81％，中壤约占13.3％，轻壤、沙壤等质地的土壤仅约占5.64％。土壤酸碱度大多为酸性和微酸性，pH值小于6.5的约占74.19％。土壤肥力有机质平均含量在 2%—4% 的约占 90.8%，全氮平均含量在 0.1%—0.2% 的约占 88.9%，有效磷平均含量在 10—40 ppm 的约占 99.7%，速效钾平均含量在 100—200 ppm 的约占 88.5%。

地形对光照的影响：雅安地区地形多样，山区云雾弥漫，漫射光有利于促进茶叶中氨基酸的形成，同时高海拔地区昼夜温差较大，白天积累的物质，在晚间被呼吸消耗的较少，有利于茶树生长。

地形对温度的影响：雅安地区海拔不同，气温也有很大差异。海拔越高，气温越低，但降水量与空气湿度在一定高度会随着海拔的升高而升高，超过一定高度又会下降。

地形对土壤的影响：雅安地区地形多样，成土母质多为低四季冰川黄色堆积物，加之降水频繁，雨量充沛，全年平均降水量在 1000—1400 毫米，白鳝泥分布十分广泛，这种特殊的土壤条件对茶树生长也有一定的影响。

综上所述，雅安地区的地形条件为茶树生长提供了得天独厚的环境基础，是世界茶文明的发祥地，茶文化的发源地。

第二节
南路边茶的形成

西南地区是茶树的原产地。茶树的起源和驯化历史与中国西南地区紧密相关，这一地区为茶树的生长和繁衍提供了理想的自然条件。西南地区拥有丰富的野生茶树资源，野生大茶树主要分布在长江及其上游金沙江沿岸的多个县区，包括雷波县、筠连县、珙县、高县、古蔺县、叙永县、合江县、南桐镇以及宜昌市等地。此外，在盆地西部边缘的大邑县、灌县、荥经县等地也有分布。四川的野生大茶树一般生长在海拔 700—1500 米的森林茂密、土壤肥沃、云雾弥漫的山谷间。四川的野生大茶树生物学性状明显，树型高大直立，叶片大，花大，结实能力不强，抗寒力较强。

西汉杨雄《方言》记载："蜀西南人谓茶曰设。"意思是四川西南地区的人把茶称为"设"。这表明在汉代，四川地区已经有了饮茶的习惯，并且有自己独特的方言称谓。扬雄是四川人，他对茶有比较深入的了解。他在《方言》中对茶的称谓和用法的记载，反映了汉代四川地区的饮茶习俗。除此之外，西汉司马相如《凡将篇》、王褒《僮约》，这三部在茶文化研究历史中重要的文献，成书时间相差不长，作者又都是四川成都一带人。可见，在中国的汉朝，饮茶之风已经盛行，尤其是巴蜀地区（今陕南四川一带），方言中有专门表茶义的词，有专门的产茶区，也有专门的茶叶市场。中国西南地区是茶树的原产地之一，巴蜀地区是较早植茶与饮茶的地方。

南路边茶的原产地雅安，距离成都100多千米。《巴郡图经》^①载："蜀雅州蒙顶茶受阳气全，故芳香。"雅安不仅是南路边茶的所在地，还是世界上有文字记载较早开始人工植茶的地方。自古以来，雅安盛产名茶，这也奠定了南路边茶形成与发展的基础。

一、雅安蒙山植茶为较早栽茶的文字纪要

（一）蒙顶山概况

蒙顶山，古称"蒙山"，位于北纬30°，坐落于雅安市雨城区和名山区交界处，全年雨日高达200多天，因常年"雨雾蒙沐"而得名。相传女娲炼五彩石以补苍天，补至蒙山上空，元气耗尽，身融大地，手化五峰，留一漏斗，甘露常沥。故有"雅州天漏，中心蒙山"之说。蒙山顶有上清、菱角、毗罗、井泉、甘露五峰，五峰呈环列之势，状若莲花。明代徐元禧有诗云："五顶参差比，真是一朵莲。"其中，上清峰为蒙顶

---

① 《巴郡图经》是已知中国较早的图经之一，撰于东汉时期。图经是一种附有图画、地图的书籍或地理志，是以图为主或图文并重记述地方情况的专门著作，也称为图志或图记。它是一种编纂形式，内容包括一个行政区划的疆域图、沿革图、山川图、名胜图等，以及对这些图的文字说明，涵盖境界、户口、出产、风俗、职官等。

山最高峰。

自唐代开始，产自蒙山顶上五峰之间的茶便作为贡茶进贡皇室。"蒙顶"原本是唐代贡茶产地的专用名词[①]。晚唐时，就有了蒙顶山的记载[②]。 蒙顶山与峨眉山、青城山齐名，并称"蜀中三大名山"，有"峨眉天下秀，青城天下幽，蒙山天下茶"之名号。

中国区域地理著作《尚书·禹贡》有"蔡蒙旅平，和夷底（底、砥）绩"的记载。《九州记》云："蒙山者，沐也。言雨露常蒙，因以为名。" 古代蒙山范围很广，号称"天下大蒙山"，跨雅（州）、邛（崃）、名（山）、芦（山）等。蒙山有五岭，五岭均产茶，但五岭之间所产茶叶品质最佳。

（二）茶祖文化

西汉甘露年间（公元前53年），邑人吴理真在蒙顶山五峰之间驯化七株野生茶树，开创了世界上有文字记载的较早人工植茶的历史先河，被后世尊为"蒙顶山茶祖"。

清雍正十一年（1733年）的《四川通志》记载："名山县治之西十五里，有蒙山，其山有五顶，形如莲花五瓣……汉时甘露祖师，姓吴名理真者手植。至今不长不灭。"《金石苑》记载："宋甘露祖师像并行状。"讲述了1188年，因吴理真"显灵"，救了京师的旱灾，被皇帝敕封为"甘露普慧妙济菩萨"。从此，吴理真被尊为"甘露祖师"，在蒙顶山上树碑立传。 宋代大学者王象之《舆地纪胜》载曰："西汉时，有僧从领表来，以茶实植蒙山，忽隐池中，乃一石像，今蒙顶茶，擅名师所植也。至今呼其石像为甘露大师。" 赵懿的《蒙顶茶说》记载："二千年不枯不长，其茶叶细而长，味甘而清，色黄而碧，酌杯中，香云蒙覆其上，凝结不散，以其异，谓曰仙茶。"

---

① 唐代杨晔《膳夫经手录》记载："始，蜀茶得名蒙顶也。"《膳夫经手录》为唐代的烹饪书、茶书。"膳夫"是指朝廷中主掌皇帝饮食的官吏。

② 唐代文学家段成式在《锦里新闻》云："蒙顶有雷鸣茶，雷鸣乃苗。"

另外，清·光绪《名山县志》"天下大蒙山"碑文等文史资料，均记载了吴理真种茶的相关事迹。

2004年9月，第八届国际茶文化研讨会暨首届蒙顶山国际茶文化旅游节在雅安举办，来自世界20多个国家和地区的茶业组织共同发表了《世界茶文化蒙顶山宣言》，确立了蒙顶山"世界茶文明发祥地、世界茶文化发源地、世界茶文化圣山"的历史地位。

安徽农学院（现安徽农业大学）教授、著名茶学家陈橼带队到蒙顶山实地考察。在目睹有关蒙顶山种茶的史料、碑记和遗址遗迹时，他表示："我曾走遍了各省产茶区，未见到有时间、地点、有名有姓的记载。"后来，陈橼在1984年编著的《茶业通史》中写道："蒙山植茶为我国最早栽茶的文字纪要。"图5-1为现存于蒙顶天盖寺的《天下大蒙山》碑记（雍正六年，1728年刻），其植茶史略是我国植茶较早的证据。

天下大蒙山碑记是清代雍正六年（1728年）留下来的，上面详细介绍了蒙顶山的发展历史。碑记的第一部分记载了大禹治水曾经率众到此祭天，召开庆功大典。第二部分记载了蒙顶山茶的起源，即"迄今石端昭垂，在在足考曰：祖师吴姓，法理真，乃西汉严道，即今雅之人也。脱发五顶，开建蒙山。自岭表来，随携灵若之种，植于五峰之中。高不盈天，不枯不灭，迥异寻常，惟二三小株耳……皆师之手泽百事不迁也，由是而遍产中华之国，利益蛮夷之区。商贾为之懋迁，间阎为之衣食。上裕国赋，下裕民生，皆师之功德，万代如见也。对吴理真在蒙顶山上植茶的事实有所记载。清代《雅州府志》也载，古碑记有"祖师吴姓理真乃西汉严道即雅之人也"。古人的撰著也罢，碑记也罢，尽管身份有所不同，有一点却是共同的，那就是都认定吴理真是雅安（西汉时雅安称严道）人，是我国乃至是全世界有文字记载最早开始人工种茶的第一人。这充分证明了蒙顶山是世界茶文化的发源地之一。第三部分记载了古人描述的蒙顶山美不胜收，站在蒙顶山不同的角度可以远眺四川六座名山，西岭雪山、峨眉山、瓦屋山、周公山、四姑娘山、夹金山。古人感叹"此乃蒙山大概，非名山乎？"第四部分记载了蒙顶山历代高僧们为蒙顶山茶业发展作出的卓越贡献。碑的后面刻载了历代僧人的名字。

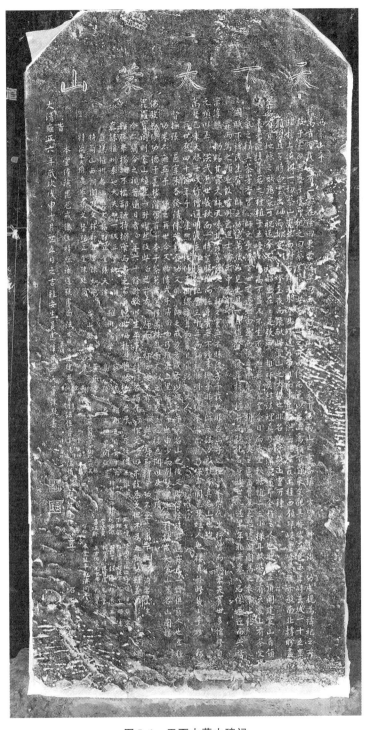

图5-1 天下大蒙山碑记

二、南路边茶的起源

饮茶习俗是如何传到西藏的。目前，大多数学者认为是唐朝文成公主入藏时，将当时作为贡品的茶叶带入了西藏。《西藏政教鉴附录》记载，"茶叶自文成公主入藏地。"公元641年，唐太宗终于同意了松赞干布的和亲请求。此后，西藏地区饮茶之风盛行，自唐宋以来，历代王朝更是实行"以茶易马、以茶治边"的政策来维护国家统治。雅安地区作为当时茶马交易的主要集散地，所产茶叶被运往西藏地区，经过长时间的日晒雨淋，在湿热条件下发生化学变化，茶叶颜色逐渐变黑，形成了与绿茶完全不同的品质风味，更适合西藏地区人民的生活需求，藏茶就在这样的自然和历史演变下应运而生了。雅安藏茶输入西藏，已有1300多年历史，是藏族同胞的主要生活饮品，又称藏族同胞的"民生之茶"、藏汉团结的"友谊之茶"。

贡茶文化与贡茶制度始于唐朝。南路边茶原产地雅安境内的蒙顶山茶入贡的记载始于唐玄宗天宝元年（公元742年）。《新唐书》记载："雅州卢山郡……土贡有麸金、茶、石菖蒲、落雁木。"[1]。唐代是蒙顶山茶发展的鼎盛时期，关于蒙顶山茶作为贡品的文字记载在这一时期较多。唐代《元和郡县志》记载："蒙山在县南十里，今每岁贡茶，为蜀之最。"蒙山位于县南十里，指的是蒙山距离当时的县城大约十里远（古代的一里约合今天的0.5千米）；"今每岁贡茶"表明，蒙山茶在古代是作为贡品献给皇室的，这显示了蒙山茶的高品质和珍贵性。在中国古代，贡茶是指地方上等茶叶作为贡品献给皇帝，是茶叶中的极品。"为蜀之最"意味着，在蜀地所有的茶叶中，蒙山茶被认为是较好的，品质较佳的。

公元825年，李肇撰《国史补》记载："风俗贵茶，其名品益众。剑南有蒙顶石花，或小方，或散芽，号为第一。"

---

① 卢山郡：唐天宝元年（742年）改雅州置，治所在严道县（今四川雅安市西）。

唐文宗开成五年（840年），日本学问僧慈觉大师园仁离开长安回国，职方郎中杨鲁士送"蒙顶茶二斤，团茶一串"，蒙顶茶传入日本。

晚唐宰相裴汶所撰《茶述》载："今宇内为土贡实众，而顾渚、蕲阳、蒙山为上。"970年，吴国僧人梵川，慕圣山之名，"自往蒙顶结庵种茶，凡三年，味方全美，得绝佳者圣赐花、吉祥蕊"，创制出新的名茶。

巢县（今安徽巢湖）县令杨晔《膳夫经手录》记载："蒙顶自此以降言少而精者，始蜀茶，得名蒙顶，于元和以前，束帛不能易一斤先春蒙顶，是以蒙顶前后之人竞栽茶，以规厚利。"表明蒙顶茶是蜀地的特产，因其产自蒙顶山而得名，以其稀有和精致著称，这里的"元和"指的是唐宪宗的年号，元和年间即公元806—820年。意味着在元和年间之前，蒙顶茶非常珍贵，以至于用贵重的丝绸也无法换取一斤（1斤＝500克）蒙顶茶的春茶。由于蒙顶茶具有高价值，当地及周边的人们竞相种植茶叶，希望获得丰厚的利润。

825年，大唐官方正史《国史补》记载："剑南①有蒙顶石花，或小方，或散芽，号为第一。"这句话指的是当时进贡的蒙顶石花茶有两种形态，小方可能指的是压制成小方块的茶砖，而散芽则是指散装的茶叶，主要由嫩芽制成。表明茶叶品质极佳，号称第一。图5-2所示为蒙顶山古代茶诗歌石碑。

图5-2　蒙顶山古代茶诗歌石碑

---

① 剑南：当时雅州（今雅安）归剑南道管辖。

蒙顶山茶作为贡品一直到清末，先后有"蒙顶石花""蒙顶黄芽""蒙顶甘露""万春银叶""玉叶长春"等代表茶品入贡。

蒙顶山上现存皇茶园遗址，从唐代开始便在此采摘贡茶，宋孝宗淳熙十三年（1186年）正式命名为"皇茶园"（见图5-3）。到了清代中期，皇茶园内的"仙茶"演变为皇室祭祀太庙的供品，园外"围绕大岩石，另有数十株茶"所产茶叶作为"正贡""副贡"和"陪贡"。清光绪十八年（1892年），名山县令赵懿在《蒙顶茶说》（见图5-4）中记载："每岁采贡三百六十叶，天子郊天及祀太庙用之。"

图5-3 皇茶园

图 5-4　蒙山茶说

图 5-4　蒙山茶说

　　以上关于唐代蒙顶山茶作为贡茶的记载，也与文成公主入藏的时间相近。根据史料研究，南路边茶入藏，很有可能就是文成公主和亲西藏，带着这种茶入藏。在漫长的旅途中，茶叶经历了深度发酵，茶性更加柔和，形成了独特的品质特征，更适合西藏地区人民饮用，并与西藏的酥油有了更好的搭配，从而成为西藏人民一千多年来不可或缺的"生命之茶"。

　　蒙顶山茶作为贡茶从唐代开始，经历了盛衰，但作为贡茶，一直持续到清末，绵延不断，是中国历史上贡茶持续时间较长的名茶。2022 年，故宫出版社发行的《故宫贡茶图典》罗列了清代"故宫贡茶"共有 44 种，四川拥有 11 种，包括仙茶（见图 5-5）、陪茶（见图 5-6）、菱角湾茶（见图 5-7）、蒙顶山茶、陈蒙茶、观音茶、名山茶（见图 5-8）和春茗茶（见图 5-9）。这表明，作为南路边茶的原产地，雅安拥有得天独厚的自然环境和丰富的历史文化背景，是高品质南路边茶的有力佐证。

图 5-5　仙茶（故宫贡茶）

图5-6　陪茶（故宫贡茶）

图5-7　菱角湾茶（故宫贡茶）

图5-8　名山茶（故宫贡茶）

图5-9　春茗茶（故宫贡茶）

　　这不仅说明了蒙顶山茶在唐代的高价值和社会地位，还反映了茶叶种植和贸易的繁荣。蒙顶山茶由于其独特的品质和历史地位，成为中国茶文化中的一个重要标志。

三、南路边茶的形成

　　南路边茶是四川边茶的一种，具有悠久的历史。南路边茶的起源可以追溯到宋代，当时朝廷推行的"茶马法"以边茶为商品与周边少数民族开展茶马贸易。到了明代，四川雅安市以及天全县等地设立了管理茶马交换的"提兴茶马司"，后来改为"批验茶引站"。清代，雅安市以及天全县等地所产的边茶被规定专销康藏地区，称为"南路边茶"。这种茶的制作技艺在唐代已初见端倪，经过历代的发展和完善，形成了独特的发酵和紧压工艺。

南路边茶历史上经历了多次改进，包括宋代的蒸青团茶工艺、明代的散茶工艺，以及清末民初的庄茶加工工艺。中华人民共和国成立后，机械设备的引入使南路边茶的制作技艺发生了较大变化，传统工艺得以简化，生产效率得以提高。南路边茶以其独特的风味和制作工艺，不仅在历史上有着重要的地位，而且在现代也得到了新的发展和传承。

四、南路边茶又称雅安藏茶的由来

南路边茶源于唐代文成公主将茶叶带入西藏，开启了西藏的饮茶历史，并促进了著名的茶马古道的发展。南路边茶的原产地位于雅安，雅安位于四川盆地西部边缘，是茶马古道的起点，这里的茶叶主要供应给西藏及周边藏族人民聚居区，因此与"藏"字紧密相关。南路边茶在不同历史时期有不同的名称。例如，五代称"火番饼"，元代称"西番茶"，明代称"乌茶"，清代称"四川边茶""南路边茶""西路边茶"。一千多年来，南路边茶与藏族人民以及其他少数民族人民的日常生活紧密相关，得名"藏茶"，体现了它在民族交流中的重要作用及主要销区特性。

当时，为了抗击英国侵略、抵制印茶入藏并振兴雅安边茶在藏区的地位，川滇边务大臣赵尔丰与四川总督大臣赵尔巽兄弟共同主持，在雅安成立了"四川商办藏茶公司筹办处"。雅安等地的茶商共同筹资30多万两白银，成立了"四川商办边茶股份有限公司"。公司的纲领中明确提出藏茶公司为抵外保内而设。清光绪三十四年（1908年），为扩充入藏华茶的销路，农工商部提出了推销藏茶办法，"藏茶"二字开始出现在官方文件中。

"藏茶"这个名字的确立，体现了当时川商的民族大义与爱国情怀。

"藏茶"不仅是一种茶叶,更是一种民族精神和国家使命的象征,同时标志着雅安边茶在藏区的地位空前提升,成为藏族同胞的主要生活饮品,也成为民族团结、国家统一的重要纽带。

综上所述,"藏茶"这个名字的确立,是在中国近代史上,抗击外来侵略、维护国家统一和民族团结的背景下产生的,具有深远的历史意义和文化内涵。

第六章
健康作用与文化意义

第一节
健 康 作 用

唐代陈藏器在《本草拾遗》中指出："诸药为各病之药，茶为万病之药。"中国《大众医学》、德国《焦点》等杂志的中外营养学家评出茶为十大健康长寿饮品之一。20世纪80年代以来，医学界开展了大量研究，证实茶叶具有多种保健功能。"宁可三日无粮，不可一日无茶"这句话凸显了茶在某些地区人民生活中的地位，茶不仅能够满足人们的生理需求，也是人们文化和社会生活的重要组成部分。

在藏族人民的饮食中，肉类和乳制品在饮食中占有重要地位。茶，特别是酥油茶，不仅能够助消化，还能提供必要的维生素和矿物质，有助于营养均衡。高原地区气候寒冷，茶具有很好的保暖效果，有助于抵御寒冷。因此，南路边茶在藏族人民的饮食中更是不可或缺的。

南路边茶含有茶叶的基本营养成分，同样具有一般茶叶具有的健康作用。南路边茶属于黑茶，相较于绿茶和白茶等未经发酵或轻度发酵的茶来说，南路边茶的加工工艺属于深度发酵，茶性更加柔和，且原料更加成熟。南路边茶的营养成分更加丰富，在促进健康方面也具有独特之处。

一、茶叶成分的种类

茶鲜叶主要由水分和干物质组成。干物质含有3.5%—7.0%的无机物和93.0%—96.5%的有机物。构成茶叶的有机化合物和无机盐形式的基本元素超过30种。此外，茶鲜叶中各类物质的比例也有所不同（见图6-1）。

$$茶鲜叶 \begin{cases} 水分（75\%） \\ 干物质（25\%） \begin{cases} 无机化合物（3.5\%—7.0\%） \\ 有机化合物（93.0\%—96.5\%） \end{cases} \end{cases}$$

图6-1　茶鲜叶所含物质比例

茶叶的干物质主要是有机物，茶叶经分离、鉴定的已知化合物有700多种，其中包括初级代谢产物蛋白质、糖类、脂肪及茶树中的二级代谢产物——多酚类、色素等。茶叶的有机化学成分见图6-2。

$$茶叶中的有机化学成分 \begin{cases} 糖类:20\%—25\% \\ 蛋白质:20\%—30\% \\ 脂肪及类脂物质:10\% \\ 多酚类:20\%—35\% \\ 嘌呤碱:3\%—5\% \\ 氨基酸:2\%—5\% \\ 芳香物质:0.02\%—0.03\% \\ 色素物质:1\% \end{cases}$$

图6-2　茶叶的有机化学成分

茶叶的品质在感官审评中依靠人的嗅觉、味觉、视觉和触觉，对香、味、色、形进行评定。茶为珍品，适口性佳。如图6-2所示，糖类、蛋白质和多酚类三种物质的总和占茶叶干物质的60%—90%。因此，这三类物质是茶叶品质的重要决定因素。其中，糖类主要呈现甜味，多酚类则主要呈现涩味。茶叶中生物碱含量在3%—5%，主要包括咖啡碱、茶叶碱和可可碱，呈现苦味。茶叶中的氨基酸呈现鲜爽味，尤其在绿茶中，氨基酸的含量显得尤为重要。

茶叶的品质，也称为感官品质，是指通过视觉、触觉、嗅觉和味觉所感知的茶叶外形、色泽、香气和滋味等的好坏程度。实际上，这反映了茶叶所含化学成分的综合表现。茶鲜叶中的成分在加工过程中会发生相应的变化。茶鲜叶中的化学成分仅有几十种，而在成品茶中则可达到几百种。其中，有些成分在鲜叶中存在并在加工过程中保留下来，如茶多酚、咖啡碱、氨基酸、叶绿素和青叶醇等；另一些则是在加工过程中形成的，如茶黄素、茶红素、叶绿酸和吡嗪类化合物等。这些化学成分构成了多样的茶叶品质风格。

二、茶叶中的功能成分

茶的良好风味以及一定的营养和保健作用，源于茶叶中含有多种对人体有益的化学成分。茶叶被誉为健康饮料，富含大量生物活性成分，包括蛋白质、茶多酚、茶多糖、生物碱、维生素、微量元素和矿物质等。

（一）茶叶中的有机成分及其特性

1. 茶多酚

茶多酚是茶叶中多酚类化合物的总称，由30种以上的酚类物质组成，主要包括四大类：儿茶素、黄酮类、花青素和酚酸等。其中，儿茶素是茶多酚的主要成分，占茶多酚总量的60%—80%。不同品种的茶树含有不同量的茶多酚。茶树不同部位的茶多酚含量也有所不同，新梢中的茶多酚含量最高，其次是老叶、茎和根。气温较高、光照强烈或光照时间较长时，茶多酚的含量会增加。一般来说，海拔越高，茶多酚的含量可能越低。紫色芽叶中的茶多酚含量较高，黄绿色芽叶次之，深绿色芽叶的含量相对较低。茶多酚可用作抗氧化剂和食品保鲜剂，且具有广谱抗菌活性。它具有抗氧化、抗癌和抗辐射的作用。临床观察表明，茶多酚对老年人易发的肿瘤、心脑血管疾病、糖尿病、玻璃体浑浊和白内障等具有较好的疗效。茶多酚对脑损伤有一定的保护作用，并且有助于提高视力。茶对神经退化性类疾病（如帕金森病和阿尔茨海默病等）具有一定的预防和疗效。儿茶素制剂具有增强免疫力的作用。

2. 蛋白质

茶叶中含有丰富的蛋白质，这些蛋白质包含人体必需的八种氨基酸，并具有清除自由基的能力。茶叶中的蛋白质分为水溶性和水不溶性两部分。这意味着通过泡茶饮用无法利用茶叶中的全部蛋白质，而直接食用茶叶则可以吸收更多营养成分。

茶叶中的蛋白质含量与茶叶嫩度和自然条件有关。大叶种茶叶的蛋白质含量通常低于小叶种茶叶；茶叶的嫩度越高，蛋白质含量通常越高。此外，茶叶蛋白质的含量还受到季节、温度、土壤氮含量、采摘频率和茶树修剪等因素的影响。

茶叶中的蛋白质含量对茶汤的滋味和稳定性具有重要影响。蛋白质在茶汤中以胶体形式存在，对茶汤的清亮度和稳定性起着重要作用。茶叶中的蛋白质通常占干物质含量的22％，主要包括谷蛋白、白蛋白、球蛋白和醇溶蛋白。其中，谷蛋白所占比例较大，而水溶性蛋白质主要是白蛋白，它能够影响茶汤的滋味。

茶叶中的蛋白质含量是衡量茶叶品质的重要指标，并对人体健康具有积极影响。在日常饮茶过程中，人们可以通过选择品质优良的茶叶，充分利用茶叶中的蛋白质及其他营养成分，发挥茶叶的保健作用。

3. 氨基酸

茶叶中含有1％—4％的氨基酸，已发现并鉴定的氨基酸有26种，包括20种蛋白质氨基酸和6种非蛋白质氨基酸。其中，茶氨酸（Theanine）是较重要的，占茶叶干物质的1％—2％，并且占氨基酸总量的50％左右。茶氨酸一般占茶叶中游离氨基酸总量的40％以上，在萌发的新梢中，可达到70％以上；占茶叶干重的1％—2％，泡出率可达80％，与绿茶等级的相关系数达0.787—0.876，为强正相关。

茶氨酸的阈值为0.06％，低于谷氨酸（0.15％）和天冬氨酸（0.16％）的阈值，说明茶氨酸对味觉的影响十分显著。茶氨酸本身具有甜爽的口感，能够缓解茶中的苦涩味，不仅是红茶的重要品质指标，也是绿茶的重要品质指标。

茶氨酸是茶叶中特有的氨基酸，具有焦糖香味和类似味精的鲜爽味。它在茶汤中的浸出率可以非常高，对茶汤的整体品质有显著影响，能够缓解咖啡碱的苦味和茶多酚的涩味。

在气温较低、光照较弱的环境下，氨基酸含量通常较高。高海拔的高山茶氨基酸含量通常高于低海拔的低山茶。春季茶叶的氨基酸含量通常高于夏季和秋季的茶叶。小叶种的氨基酸含量通常高于大叶种，细嫩部位的氨基酸含量也高于粗老部位。

茶氨酸是一种酰胺类化合物，纯品呈白色针状结晶，熔点为217—218℃，易溶于水，但不溶于无水乙醇和乙醛，水溶液呈微酸性，并具有焦糖香和类似味精的鲜爽味。茶叶中的氨基酸不仅参与蛋白质的合成，还参与活性肽、酶以及其他生物活性分子的组成，直接影响茶叶的品质。

4. 咖啡碱

咖啡碱（咖啡因）是一种嘌呤碱，是茶叶中的主要生物碱之一。它在茶叶中的含量为2%—5%，占茶叶生物碱总量的95%以上。茶叶几乎在发芽的同时就开始形成咖啡碱，首次采摘时采下的第一片和第二片叶子所含咖啡碱量较高，随着茶树新梢的生长，咖啡碱含量逐渐降低。咖啡碱含量的表现为大叶种高于中小叶种，夏季高于春季和秋季，嫩叶高于老叶。茶树中咖啡碱的含量与茶树品种及外部环境因素（如季节、温度、光照和土壤条件）相关。适当遮阴可以抑制咖啡碱的分解，同时促进茶树新梢中咖啡碱的合成。

5. 糖类

茶叶中含有多种糖类物质，包括单糖、双糖、多糖和低聚糖。主要成分为单糖和双糖，如葡萄糖、果糖、蔗糖和麦芽糖。单糖和双糖能使茶汤具有甜醇味，还有助于提高茶香。茶叶中的糖类含量约占干物质的20%—30%。不同类型的茶叶（例如绿茶、红茶、乌龙茶等）的糖类含量可能不同。茶叶中大多数为不溶于水的多糖类，能被热水冲泡出的糖类仅占4%—5%。因此，茶叶是一种低热量饮料，对于患糖尿病等忌糖患者来说是一种非常适合的饮料。

6. 芳香物质

茶叶中的芳香物质是其香气品质的关键因素，芳香物质赋予了茶叶独特的风味和香气。这些芳香物质非常复杂，包括多达几百种的醇类、醛类、酮类、酯类、酸类、酚类和烃类等化合物，它们的含量相对较低，通常只占干茶重量的 0.01％—0.03％，但对茶叶的香气品质有着决定性的作用。部分芳香物质来自茶树的天然代谢产物，另一部分则在制茶过程中通过酶促反应和热化学反应生成。芳香油易挥发，是赋予茶叶香气的重要成分。不同种类的茶因原料和加工工艺的差异，有不同的香气成分组合，从而构成了各类茶叶的独特香气。

7. 叶绿素

叶绿素是高等植物进行光合作用的关键色素，也是茶树正常生长发育的重要保障，是合成茶叶众多有机化学成分的基础。叶绿素主要有两种类型：叶绿素a和叶绿素b。它们的分子结构略有不同，但都能吸收光能并将其转化为化学能。叶绿素能够吸收太阳光中的红光和蓝光，将光能转化为化学能，从而合成有机物质。

叶绿素含量因茶树品种、季节及芽叶的老嫩而异。一般而言，中小叶种中的叶绿素含量高于大叶种，秋季的含量高于夏季和春季，成熟叶片的含量高于嫩叶。

在茶叶加工过程中，如发酵和烘焙，叶绿素可能会发生降解，从而影响茶叶的色泽。不同类型的茶叶对叶绿素的保留有不同的要求，绿茶要求尽量保留更多叶绿素，而红茶、黄茶和黑茶则要求尽可能破坏叶绿素。新鲜茶叶中的叶绿素含量通常较高，但随着茶叶的加工和储存，叶绿素可能降解或转化为其他色素，如脱镁叶绿素。在茶叶加工过程中，如发酵、烘焙等，叶绿素可能会发生降解，形成其他色素，影响茶叶的色泽。

8. 类胡萝卜素

类胡萝卜素是一类不溶于水的有机化合物，颜色从黄色到橙色不等，是光合作用的辅助色素。在茶叶中的含量一般不超过1％。茶叶中的类胡萝卜素主要包括α-胡萝卜素、β-胡萝卜素、叶黄素和玉米黄素等。在秋季的黄茶闷黄和红茶发酵等工序中，因叶绿素被大量破坏，类胡萝卜素的黄色显现出来。目前，在茶叶中已发现十余种类胡萝卜素。茶叶中的类胡萝卜素是一类重要的天然色素，它们显著影响茶叶的色泽、风味和功效。

9. 茶色素

茶色素不是茶鲜叶中固有的色素，而是在茶叶加工过程中，由茶多酚在酶或湿热条件下氧化形成的一类色素物质。茶色素主要包括茶黄素（Theaflavins，TFs）、茶红素（Thearubigins，TRs）和茶褐素（Theabrownins，TBs）。茶色素主要来源于茶叶，尤其是红茶和黑茶等发酵茶叶中。茶多酚的氧化聚合是形成茶色素的主要途径。茶色系是构成红茶、黑茶干茶、茶汤和叶底颜色的主要物质。茶色素的形成涉及茶多酚的酶促氧化和非酶促聚合反应。在红茶的发酵过程中，儿茶素等多酚类物质会转化为茶色素。茶色素是一类复杂的酚性氧化聚合物，其结构和组成会因茶叶种类和加工条件的不同而变化。

10. 茶皂素

茶叶中的茶皂素是一种从茶树种子中提取的化合物，属于三萜类皂苷，具有多种生物活性。茶皂素是茶叶中的一种特殊成分，也是茶汤起泡的重要物质，味道苦而辛辣，其含量越高，茶汤的起泡力越强。茶籽中的茶皂素含量高于茶叶，而粗老原料中的含量则高于嫩叶。茶皂素是一种糖苷化合物，具有苦、辛辣等味道。

11. 维生素

茶叶中还含有多种维生素，例如维生素A、维生素B1、维生素B2、维生素B5、维生素C、维生素E、维生素K等，这些维生素都是对人体有益的。

（1）维生素C。

茶叶，尤其是绿茶，含有丰富的维生素C。维生素C具有抗氧化作用，有助于增强免疫力并促进铁的吸收。茶叶中的维生素C含量有时甚至高于某些水果，特别是在鲜叶和绿茶中，几乎可以与柠檬和肝脏所含的维生素C量相媲美。一个成年人每天需要的维生素C为75—150毫克，而一杯优质绿茶中则含有5—6毫克维生素C，每天饮用5—6杯茶，就可以获得大量的维生素C。茶叶中的维生素C与其他成分，特别是儿茶素和茶多酚的协同作用，对人体有保健效果。在泡茶时，第一泡可以溶解出50％—90％的维生素C，第二泡可溶解出10％—30％。

（2）维生素A。

维生素A又称"抗干眼病维生素"，对儿童发育、提高免疫力以及预防夜盲症、角膜软化、皮肤干裂以及呼吸道、泌尿道疾病等都有良好效果。尽管茶叶本身不含维生素A，但却含有β-胡萝卜素，它是维生素A的前体，可以在体内转化为维生素A，对视力和皮肤健康有重要作用。

（3）B族维生素。

茶叶中含有B族维生素，包括维生素B1（硫胺素）、维生素B2（核黄素）、维生素B3（烟酸）、维生素B5（泛酸）、维生素B6（吡哆醇）和维生素B9（叶酸）。虽然茶叶不含维生素B7（生物素）和维生素B12（钴胺素），但B族维生素对维持身体正常代谢和神经系统健康至关重要。

维生素B1（硫胺素）是治疗脚气病的有效成分。

维生素B2（核黄素）是多种酶的辅基，对促进生物生长和维持正常代谢至关重要。缺乏维生素B2时，会影响生物的氧化过程，引发代谢障碍，导致皮肤病、饮食减退等常见问题，如唇炎、舌炎和口角炎。

维生素B5（泛酸）是生物氧化中某些重要辅酶的组成部分。缺乏这种成分时，会引起癞皮病、皮肤病等。每杯茶叶含有120多微克维生素B5，如每天饮茶5杯，就可满足每天人体需要量的5.2％左右。

（4）维生素E。

维生素E是一种脂溶性维生素，具有较强的抗氧化作用，能够保护细胞膜免受自由基的损害。它还在细胞分裂和功能维护中起到重要作用，可以延缓衰老。

（5）维生素K。

维生素K对于血液凝固和骨骼健康非常重要。

（6）维生素D。

茶叶中含有少量的维生素D，维生素D有助于钙的吸收和骨骼健康。

茶叶中的水溶性维生素（如维生素C和B族维生素）通常比脂溶性

维生素（如维生素A、维生素D、维生素E、维生素K）更容易通过饮茶被人体吸收。

（二）茶叶中的矿物质

茶叶中的矿物质主要有30种，茶叶中含有多种矿物质，包括钾、钙、镁、铁、锰、锌、硒、铝、铜等，占自然界存在的72种元素的41.67%。特别是含有对人体较为重要的钾、锌、硒等。钾：有助于维持心脏健康和正常的血压水平。钙：对骨骼健康至关重要，也参与神经传导和肌肉收缩。镁：参与体内300多种酶的活性调节，对心脏和肌肉很重要。铁：是血红蛋白的组成部分，对输送氧气至全身细胞至关重要。锌：对免疫系统、细胞分裂和伤口愈合有重要作用。硒：是一种抗氧化剂，有助于预防某些癌症和心脏病。

三、茶叶的主要保健功能

据林乾良教授于20世纪80年代查阅的500多种文献，引用了历代典籍92种（包括茶书11种、药书28种、医书23种、经史子集30种），将茶的传统功效归纳为24项，包括少睡、安神、明目、清头目、止渴生津、清热、消暑、解毒、消食、醒酒、去肥腻、下气、利水、通便、治痢、祛风解表、坚齿、治心疼、疗痔治瘘、疗肌、益气力、去痰、延年益寿等。由此可见，唐代陈藏器所称"茶为万病之药"是非常正确的。

近代科学研究在茶的医疗效能方面有许多新的发现。例如，茶有助于减肥、健美、降血脂、防止动脉硬化、降血压、强心、补血、抗衰老、抗癌、降血糖、抑菌消炎、减轻重金属毒害、抗辐射等。

1. 抗氧化

茶叶具有显著的抗氧化作用，这主要归功于其拥有丰富的抗氧化物质，例如茶多酚、维生素C、维生素E和类胡萝卜素等。现代医学的"自由基学说"认为，许多疾病的发生与体内"自由基"的过度积累有关。"自由基"被称为"人体垃圾"。茶叶中的茶多酚，特别是儿茶素，是一类强效的抗氧化剂，能够与"自由基"结合，从而将"人体垃圾"排出体外，保护机体的正常运转。

抗氧化作用有助于预防多种慢性疾病，例如心血管、癌症和神经退行性疾病等。此外，茶叶的抗氧化成分还可以保护皮肤免受紫外线的伤害，从而延缓皮肤老化。

2. 对心血管疾病的影响

心血管疾病是全球范围导致死亡的主要疾病之一。2019年，世界卫生组织（WHO）估计，估计有1790万人死于心血管疾病，占全球死亡总人数的32%。茶叶中富含多酚类物质，这些成分通过多种机制对心血管疾病产生积极作用，包括调节血脂代谢、抗凝促纤溶、抑制血小板聚集、抑制动脉平滑肌细胞增生以及影响血液流变学特性等。咖啡碱具有强心、解痉和松弛平滑肌的功效，能够解除支气管痉挛，促进血液循环，是治疗支气管哮喘和心肌梗塞的良好辅助药物，同时也有助于止咳化痰。茶叶中的茶多酚、茶色素和维生素C都有活血化瘀和防止动脉硬化的作用。因此，常饮茶的人高血压和冠心病的发病率较低。饮茶能够提升血管的柔韧性、弹性和渗透性，还可以扩张冠状动脉和末梢血管，从而达到降血压的效果，并能够防止动脉硬化。

3. 防癌抗癌作用

茶多酚在体外表现出抗诱变活性，能够抑制啮齿类动物中由致癌物诱导的皮肤、肺、胃、食管、十二指肠和结肠等肿瘤。茶色素是茶叶中儿茶素等多酚类及其氧化衍生物的混合物，这些物质具有抗氧化、诱导肿瘤细胞凋亡和调节基因表达等功能，从而抑制肿瘤的转化或增生。茶多酚是强抗氧化剂，对预防氧化应激，调节致癌细胞物质代谢，抑制DNA损伤的作用已被建议作为预防癌症可能作用机制。

1987年，日本的富田熏首次报道茶叶提取物能够抑制人体癌细胞生长。研究表明，每天饮10杯绿茶可延缓癌症发生，女性平均延缓7.3年，男性3.2年。

1996年，日本科学家使用儿茶素、茶色素、乌龙茶提取物，对大鼠肝癌致癌过程进行抑制效应研究过程中显示，儿茶素、茶色素、乌龙茶提取物明显减少肝脏中肿瘤前期病变的数量和面积，这表明茶多酚、茶色素对肝癌具有化学预防作用。研究表明，口服和外用茶多酚能抵抗紫外线的致癌作用，应用主体为茶多酚的绿茶提取物可消除紫外线引起的破坏，减少皮肤增生和角质增生。绿茶和红茶可抑制烟草特异性亚硝胺NNK诱发的DNA（脱氧核糖核酸）氧化性损伤，抑制肺癌的发生。饮用一定量的绿茶能够抑制直肠黏膜中前列腺素E2的合成并使前列腺素E2的水平降低，因此可作为化学预防剂预防直肠癌的发生。

4. 抗菌、抗病毒及杀菌作用

茶叶中的茶多酚、儿茶素、茶黄素等成分具有显著的抗菌和抗病毒作用。研究表明，茶叶对多种有害细菌具有杀菌和抑菌效果，包括金黄色葡萄球菌、大肠杆菌和霍乱弧菌等。茶多酚对食品中的常见病菌有明显的抑制作用，并对流感病毒、冠状病毒、肝炎病毒以及人类免疫缺陷病毒等具有干预作用。此外，茶叶对多种皮肤病病原真菌，如头状白癣真菌和斑状水泡白癣真菌，也具有强大的抑制作用。茶多酚对变形链球菌的抑制作用较强，有助于口腔健康和防止龋齿。早期医书中已有茶叶具有抗菌、抗病毒作用的记载，常用于治疗肠道疾病和皮肤病等。

5. 兴奋作用

茶叶中的咖啡碱是一种中枢神经兴奋剂，能够刺激中枢神经系统，帮助人们振奋精神、促进思维、消除疲劳，提高工作效率。咖啡碱可以暂时驱走睡意，恢复精力，提振精神，增进思考与记忆。

6. 减肥、健美作用

茶中的咖啡碱、肌醇、叶酸、泛酸以及芳香类物质等多种化合物能够调节脂肪代谢。茶叶中的儿茶素等多酚类物质可促进新陈代谢并增加脂肪氧化，有助于减少体脂。茶多酚和维生素C有助于降低胆固醇和血脂，因此饮茶还具有一定的减肥功效。此外，茶中丰富的维生素能够抑制色斑的形成，提升肌肉与皮肤的弹性，使皮肤更加光滑。茶叶还有助于降低血糖和甘油三酯水平，提升减肥效果。

7.防龋齿作用

茶中含有氟，氟离子与牙齿的钙质具有很强的亲和力，能够转化为一种较难溶于酸的"氟磷灰石"，相当于为牙齿增加了一层保护层，从而提高了牙齿的抗酸能力和抗龋齿能力。

四、南路边茶的健康作用特点

南路边茶是传统的雅安藏茶，主要被藏族人民饮用。南路边茶能够缓解长期生活在高寒、缺氧、低压环境下引起的身体不适。南路边茶输入西藏已有1300多年历史，是藏族同胞的主要生活饮品，被称为藏族同胞的"民生之茶"和藏汉团结的"友谊之茶"。藏族同胞有"宁可三日无粮，不可一日无茶"的深刻感悟。南路边茶属于黑茶类，经过特殊的发酵和陈化过程，拥有独特的风味和健康功效。

南路边茶的芽叶较为成熟，富含茶树全株全季的营养成分，内涵成分多样而丰富。南路边茶经过深度发酵，茶汤浓郁而温和，并采用紧压工艺，压制成方形、饼形、柱形等，有助于茶叶的进一步陈化和发酵。这些品质特征使南路边茶在雪域高原发挥了多种有益于人们健康的作用，同时也能融入其他地域和民族的日常生活中。

（一）暖体抗寒

青藏高原常年昼夜温差大，高寒时间长。南路边茶的原料较为成熟，适合反复熬煮，正好适应高原地区的低压和高寒环境，便于随取随用，能够满足在雪域高原抗击寒冷、温暖身体的需求。在寒冷的秋冬季节饮用南路边茶，有助于提高人体抗寒能力。

（二）助消化

南路边茶的原料含有梗、果、茎等，春夏秋冬四季皆可采集。在梗、茎、果以及更为粗老的芽叶中，粗纤维素的含量更高。南路边茶膳食纤维含量高，可以促进肠蠕动，帮助消化，尤其适合以肉食为主的饮食习惯。

（三）降血脂

同样，由于南路边茶原料来源多样，在更粗老的芽叶中，茶多糖的含量更高。茶多糖具有降血糖、抗凝血、抗血栓、降血脂、抗动脉粥样硬化、提高人体免疫力、抗辐射、降血压、抗高血压和保护心血管、抗癌及抗氧化等多种作用。相较于其他绿茶和红茶，由于原料来源不同，南路边茶在茶多糖的健康作用方面表现更为突出。尤其是在高原地区，藏族人民的饮食以高脂高蛋白的牛羊肉为主，更需要南路边茶这种能够有效促进脂肪降解，降低血脂和血糖的茶叶，从而降低心血管疾病发生的风险。

（四）茶汤更柔和，肠胃的舒适性更强

由于南路边茶的原料较为成熟，咖啡碱含量相对较低。在茶叶"渥堆"发酵的过程中，茶叶中的茶多酚（相对寒凉）能够转化为更为柔和的茶红素和茶褐素，使得茶叶的整体性状更加温和，对肠胃无刺激。

（五）美容养颜消脂减肥

由于原料较为成熟，经过"渥堆"工艺和陈化过程，藏茶的茶汤口感更为浓郁、醇厚。藏茶性温，对人体肠胃无刺激性。成熟且不过于粗老的原料，使得藏茶含有比一般茶类更多的粗纤维素，能够更好地促进肠胃蠕动，具有通便润肠的效果。此外，藏茶中还含有丰富的膳食纤维，有利于维持肠道菌群平衡，并对消烦除腻、消脂减肥、助消化有积极作用。

茶色素包括茶黄素、茶红素和茶褐素三类，其中茶黄素和茶红素的含量分别不到 0.1％ 和 1％，而茶褐素含量约为 5％。藏茶的茶色素中以茶褐素为主，因为在加工及贮藏过程中，儿茶素、茶黄素和茶红素等成分会进一步氧化、聚合转变为茶褐素。经过深度发酵，茶中的茶色素、茶红素和茶褐素等成分含量较高，能有效分解脂肪，从而达到减肥的效果。尤其是与其他茶相比，南路边茶制成的酥油茶在长时间冷却后仍能保持油茶交融，显示出良好的去油腻特性。

李时珍在《本草纲目》中记载："真茶性冷，唯雅州蒙山出者温而主祛疾。"这句话的意思是，大多数茶叶性寒，唯独雅州（今雅安）蒙山出产的茶叶性温，并具有治疗疾病的效果。早在明代，南路边茶就因其温和特性和药用价值受到古人的认可和推崇。南路边茶具有显著的助消化作用，纤维素含量也较高。在高原地区，新鲜蔬菜和水果相对稀缺，茶叶成为维生素的重要补充来源。茶叶中的咖啡碱有助于提神醒脑，特别是在高海拔地区，能够帮助人们振奋精神。对于生活在高寒、缺氧和强辐射环境下的人们，南路边茶有助于缓解环境带来的不适。作为高原日用品的南路边茶，在西藏地区具有的暖体抗寒、消脂助消化、抗紫外线辐射和补充维生素等健康作用已经过了千百年验证。如今，南路边茶作为一种健康饮品，逐渐被其他民族接受，成为日常饮品。南路边茶独特的发酵和陈化过程，使它的特点愈加显著。在快速发展的现代社会，南路边茶在健康领域的作用将更加突出。

第二节
文 化 意 义

南路边茶的生产历史悠久，自唐代形成，至宋代，朝廷推行"茶马法"，以边茶与周边少数民族开展茶马贸易。明代和清代也有明确关于边茶生产和管理的记录。川藏茶马古道是南路边茶的重要产物，这条古道不仅是茶叶运输的通道，也是文化交流的纽带，促进了汉、藏等多民族文化的融合。南路边茶的制作技艺和饮用习惯，见证了这一文化交流。作为中国茶文化的重要组成部分，南路边茶不仅是一种饮品，更承载着深厚的文化意义和历史价值。

一、茶马古道的历史见证

南路边茶是茶马古道文化的重要载体。茶马古道是古代中国西南地区的一条重要商贸通道，雅安是川藏线的起点。南路边茶通过这条古道被运输到西藏地区，成为连接汉藏文化的重要纽带，促进了汉文化与藏文化的交流与融合。南路边茶不仅是商品，也是一种货币的替代品，用于交换马匹和其他商品，促进了沿线地区的商贸往来。南路边茶的运输和交易起到了文化交流的桥梁作用，推动了不同民族文化的交融，加深了汉、藏等民族之间的相互理解和友谊。南路边茶一千多年来的发展与变迁，反映了茶马古道沿线地区的历史演变，见证了古道的兴衰和民族关系的发展。作为茶马古道的历史见证，南路边茶承载着丰富的历史文化信息，是连接过去与现在、传统与未来的重要纽带。

二、民族团结的象征

在藏族等民族的日常生活中，南路边茶是不可或缺的饮品，与他们的饮食习惯和生活方式紧密相连。历史上，南路边茶长期作为边销茶，对维护民族团结和边疆稳定起到了重要作用。它不仅是藏族人民日常生活的必需品，也是连接不同民族的纽带。南路边茶的饮用和制作过程中融入了多民族文化元素，反映了不同民族文化的交流与融合。藏族同胞根据地域特色，清饮南路边茶时会加入盐，以补充身体必须的盐分。同时，他们就地取材，与当地的酥油结合，创造出能够补充身体所需营养的酥油茶，成为家家户户每日餐饮的必需品。藏族人民不仅喜欢饮用酥油茶，还有清茶、奶茶、甜茶等多种饮茶方式。藏族人民几乎一天到晚都离不开茶，早上通常饮用酥油茶，中午以后则可能饮用清茶。

南路边茶作为重要的边销茶，长期以来对满足藏族及其他高原地区人们的生活需求发挥了重要作用。作为边销茶，南路边茶在历史上也成为政治和经济联系的一种形式，茶马贸易加强了中央与边疆地区的联系。

历代政府对南路边茶的生产和销售给予了一定的政策支持，体现了对民族地区的特殊关怀和民族政策的有效实施。

三、非物质文化遗产的传承与保护

非物质文化遗产（Intangible Cultural Heritage）指的是被各群体、团体，甚至有时是个人视为其文化遗产一部分的各种实践、表述、知识、技能，以及相关的工具、物品、手工艺品和文化空间。这些文化遗产代表了人类创造力的多样性，是人类文化多样性和想象力的体现。

南路边茶的制作技艺和饮用习俗承载了丰富的文化信息，是非物质文化遗产的一部分，体现了民族的智慧和创造力。2008年，黑茶制作技艺（南路边茶制作技艺）被列入第二批国家级非物质文化遗产代表性项目名录。2011年11月，在文化部公布的第一批国家级非物质文化遗产生产性保护示范基地名单上，四川仅有3家"非遗"企业榜上有名，其中友谊茶叶有限公司的南路边茶传统制作技艺榜上有名。2022年，雅安南路边茶制作技艺作为"中国传统制茶技艺"的重要组成部分，被列入联合国教科文组织人类非物质文化遗产代表作名录。这包括了茶园管理、茶叶采摘、手工制作茶叶，以及茶的饮用和分享的知识、技艺与实践。这些传统技艺不仅涉及茶叶的种植和加工，还包括与茶文化相关的各种社会实践，如茶艺、茶道、茶宴等。它们体现了中国人谦、和、礼、敬的价值观，并通过丝绸之路等促进了世界文明的交流与互鉴。

非物质文化遗产的保护和传承对保持民族文化的连续性、促进文化多样性和可持续发展具有重要意义。南路边茶的制作工艺源远流长，其独特的发酵和紧压工艺是中国传统制茶技艺的重要组成部分。

四、民族社交媒介

在藏族文化中，敬茶是表达尊重和好客的重要方式。当客人到访时，主人会端出酥油茶或甜茶，恭敬地请客人饮用。在节日或庆典活动中，南路边茶常作为款待客人的饮品，是庆祝活动中不可或缺的一部分。在一些特殊场合，例如婚礼、节庆或宗教活动中，饮茶具有一定的仪式感，通常使用特定的茶具，并按照一定的程序敬茶。饮茶时讲究长幼有序，主客分明，斟满茶后先敬长辈或客人，并用双手敬茶，用双手接茶。西藏地区对茶具十分考究，常用的有瓷碗、银碗、玉碗和木碗，其中木碗是民间较常用的茶具。藏族人们的敬茶也是送行的一种重要礼仪。在村口、车站和机场，送行的人会背着盛满酥油茶或甜茶的暖水瓶，祝愿亲朋好友一路平安。此外，在藏族饮茶文化中也有一些禁忌，比如喝茶时不宜发出响声，这被认为缺乏修养等。

第七章
南路边茶的现状

第一节
黑茶发展现状

南路边茶被誉为黑茶的鼻祖，是黑茶的典型代表，也是黑茶的起源茶类。目前，黑茶因其独特的茶叶特性，产销量在全国范围逐年攀升。南路边茶（雅安藏茶）同样在不断强化品牌建设、加强龙头引领、增强科技赋能的同时，持续提升其品牌影响力和市场占有率，并加强文化传承与创新。

一、黑茶概述

（一）中国茶叶的基本分类

分类标准：依据茶叶制造方法和茶多酚氧化程度的不同，中国现代茶叶分为六大基本茶类，即绿茶、白茶、黄茶、青茶（乌龙茶）、黑茶、红茶。

由于不同的加工工艺，茶叶中的内含成分茶多酚会发生不同程度的氧化，从而导致茶叶发酵程度的差异。因此，绿茶为不发酵茶；白茶为微发酵茶；黄茶为轻发酵茶；青茶为半发酵茶；红茶为全发酵茶；黑茶为后发酵。每一类茶叶的典型茶品如下。

绿茶：蒙顶甘露、西湖龙井、碧螺春、竹叶青等。

白茶：白毫银针、白牡丹、贡眉、寿眉等。

黄茶：蒙顶黄芽、君山银针、霍山黄芽茶等。

青茶：铁观音、武夷岩茶、凤凰单枞（丛）、乌龙茶等。

红茶：祁门红茶、金骏眉等。

黑茶：雅安藏茶、安化黑茶、普洱熟茶等。

（二）传统黑茶的定义

传统黑茶使用较为粗老的鲜叶原料，在干燥前或干燥后进行渥堆加工，使茶叶的滋味更加醇和，汤色呈深橙黄且明亮，干茶和叶底的色泽则较暗褐。黑茶的典型工艺为"渥堆"发酵，是真正意义上的发酵茶，因为加工过程中有微生物参与品质的形成。传统藏茶工艺有32道工序。

由于各地原料和加工习惯存在差异，黑茶形成了独特的产品形式和品质特征。目前，我国的黑茶主要有四川的藏茶，湖南的千两茶、茯砖茶、黑砖茶、花砖茶，云南的普洱茶，湖北的老青茶以及广西的六堡茶等。

黑茶的产品可分为散茶和紧压茶。传统黑茶的加工和包装方法大多仍沿袭历史，包装材料主要采用篾篓等天然材料。现代黑茶则出现了散装、调饮、罐装等多种形式。

（三）黑茶产业现状

黑茶属于后发酵茶，性温和，是六大茶类中发酵程度较深的茶。近年来，随着人们健康意识的提高和对传统茶文化的重视，黑茶的生产和消费都呈现出增长趋势。从2014年到2022年，中国黑茶的产量持续增长。黑茶的产量从2014年的28.03万吨，增长至2021年的40.68万吨，2022年增长至42.63万吨，同比2021年提升约4.8％。2022年，我国黑茶产值为268.56亿元人民币，比2021年的216.02亿元增长了24.3％，增速远高于产量增速，这表明黑茶的单位价值持续提升。

黑茶的主要特点是经过后发酵过程，具有独特的风味和品质。黑茶的品种众多，各具特色，主要包括以下几种。

南路边茶（雅安藏茶）：产自四川雅安，是藏族人民的日常饮品，包括康砖、金尖、方包茶等。

安化黑茶：产自湖南安化，是中国黑茶的代表之一。安化黑茶的品种包括"三尖"（天尖、贡尖、生尖）、"三砖"（茯砖、黑砖、花砖）和"一卷"（花卷茶，现统称安化千两茶）。

普洱茶：主要产于云南，分为生普洱和熟普洱。熟普洱经过人工发酵处理，属于黑茶范畴。

六堡茶：产于广西壮族自治区，具有独特的槟榔香和红、浓、陈、醇等特点。广西六堡茶有恭树茶、黑石村茶等。

湖北老青茶：如蒲圻（今赤壁市）老青茶，产于湖北，具有色泽青褐、汤色红黄的特点。

泾阳茯茶：产于陕西泾阳，是一种砖形黑茶，具有特殊的菌花香。

四川边茶：包括康砖茶和金尖茶等，主要产于四川的雅安、宜宾等地。

湖南千两茶：是一种大型的紧压茶，重量可达千两（约合36千克）。

其他黑茶：例如陕西的汉中黑茶、安徽的安茶等，也都属于黑茶的范畴。

黑茶的品种繁多，不同地区的黑茶因地理、气候、茶树品种以及制作工艺的差异，形成了各自独特的风味和品质特征。

二、黑茶生产史

黑茶又被称为"马背上形成的茶""边销茶"和"少数民族的民生之茶"。黑茶起源于四川，其发展历史可追溯到唐宋时期的茶马交易。根据历史记载，"黑茶"一词较早出现在明朝嘉靖三年（1524年）的《甘肃通志》中，御史陈讲上奏时提到，商茶低伪，悉征黑茶。同时，《明史茶法》也表明黑茶的起源在四川。雅安藏茶被认为是黑茶的鼻祖。《西藏政教鉴附录》记载："茶叶亦自文成公主入藏地。"公元641年，唐文成公主和亲吐蕃松赞干布。此后，西藏地区饮茶之风盛行，唐宋以来的历代王朝更是实行"以茶易马""以茶治边"的政策来维护国家统治。雅安作为当时茶马交易的主要集散地，雅安产的茶叶被运往西藏地区。在长时间的日晒雨淋和湿热条件下，茶叶发生了化学变化，颜色逐渐变黑，形成了与绿茶完全不同的品质和风味，更加适合西藏地区人民的生活需求。久而久之，人们在茶叶的初制或精制过程中增加了渥堆工序，从而产生了黑茶。黑茶在中国的云南、湖南、陕西、广西、四川、湖北等地都有加工和生产。黑茶类产品普遍能够长期保存，且具有"越陈越香"的特点。

第二节
南路边茶发展现状

从古至今，因历史时期和各地风俗的不同，茶叶又被称为大茶、马茶、乌茶、黑茶、粗茶、南路边茶、砖茶、条茶、紧压茶、团茶和边茶等。中国藏茶自唐朝有记载以来，已有千年历史。藏茶是采用当年生成的熟茶叶和红苔，经过特殊工艺精制而成的后发酵茶，属于典型的黑茶，颜色呈深褐色。雅安致力于茶园的绿色化创建、清洁化生产和标准化建设，以推动茶产业的绿色发展和转型升级。

一、基本概述

（一）雅安藏茶定义

雅安藏茶是指在雅安管辖的行政区域内，以一芽五叶以内的茶树新梢（或同等嫩度的对夹叶）为原料，采用南路边茶的传统核心制作技艺，并结合现代制作工艺，经杀青、揉捻、渥堆、干燥、精制、拼配、蒸压（或不蒸压）等工艺制成的黑茶类产品。雅安藏茶具有褐叶红汤、陈醇回甘的独特品质。雅安藏茶与蒙顶山茶同宗同源，因产于雅安，数千年来主要销往西藏、青海等地区而得名。

（二）雅安藏茶品质特征

雅安藏茶的干茶呈褐黑色，油润光泽，汤色红浓明亮，香气浓郁持久，滋味醇厚。

雅安藏茶与酥油、盐、核桃仁末等熬制而成的酥油茶或奶茶，是我国西北广大地区藏、蒙、维、回等民族同胞"朝暮不可或缺"的饮品。

（三）传统藏茶分类

康砖茶：外形呈圆角长方形，表面平整紧实，色泽棕褐。内质香气纯正，汤色红褐、明亮，滋味醇厚，叶底棕褐且较老。

金尖茶：外形呈圆角长方形，稍紧实，无脱层，色泽棕褐。内质香气纯正，汤色黄红、明亮，滋味醇和，叶底暗褐且较老。

康尖茶：外形呈圆角方形，表面平整紧实，色泽棕褐。内质香气浓郁纯正，汤色红而透亮，滋味醇和甘爽，叶底棕褐稍老。

二、品牌现状

1907年，南路边茶（也称"藏茶"）名称被确定。目前，雅安地区集中打造的南路边茶品牌为"雅安藏茶"。2023年，雅安藏茶品牌价值评估达29.69亿元，位列四川黑茶第一，稳居中国黑茶第一方阵。

茶叶品牌上，雅安拥有"雅茶"系列区域公用品牌两个，分别是蒙顶山茶、雅安藏茶。

"蒙顶山茶"商标于2003年注册，并在2017年首届中国国际茶业博览会上获"中国十大茶叶区域公用品牌"，成为四川唯一获得此殊荣的区域公用品牌。2017年，蒙顶山茶文化被列入农业部第四批全国重要农业文化遗产名录。2021年，"蒙山茶（绿茶）传统制作技艺"入选国务院公布的第五批国家级非物质文化遗产代表性项目名录。"蒙顶山茶"为区域公共品牌，包含在雅安蒙顶山区域内生产的各种茶类，蒙顶山茶品牌的打造有利于促进"雅安藏茶"品牌的树立。

2008年，南路边茶（雅安藏茶）制作技艺被列入第二批国家级非物质文化遗产名录；"雅安藏茶"先后被评为"最具资源力品牌""最具发展力品牌""四川十佳农产品区域公用品牌"等。2022年，中国申报的"中国传统制茶技艺及其相关习俗"在摩洛哥拉巴特召开的联合国教科文组织保护非物质文化遗产政府间委员会第17届常会上通过评审，列入联合国教科文组织人类非物质文化遗产代表作名录。

雅安作为南路边茶（雅安藏茶）的原产地，拥有众多荣誉称号。雅安雨城区具有"雅安藏茶"和"雅安南路边茶"两个国家地理标志证明商标。雅安还被中国茶叶流通协会授予"中国藏茶之乡"，并因其在茶叶产业中的显著地位获称"中国茶都"。雅安藏茶作为具有地域特色的农产品，被评为"中国特色农产品优势区"。此外，雅安市雨城区还曾获得"全国茶业百强县""四川茶业十强县"等多项荣誉，政府的大力支持和认可为南路边茶（雅安藏茶）的发展提供了良好的外部环境。

2023年，"四川最具影响力茶叶单品（第二批）"名单中，雅茶集团产品雅茶牌国雅藏茶位列其中。

2023年，"雅安藏茶"品牌价值评估达29.69亿元，较2022年增加7.65亿元，增幅达34.7%，增幅在四川省茶叶区域品牌价值中位列第一；排名全国第48，比2022年提升12名。雅安市注册了"雅安藏茶""雅安南路边茶"两个地理标志证明商标。

截至2023年，雅安从鲜叶到干茶都有较完善的交易市场，其中名山区乡（镇）鲜叶市场全覆盖，雨城区覆盖80%，其他地区覆盖50%。先后建成成品茶交易市场"茶马古城蒙顶山国际茶叶交易中心""中国蒙顶山·世界茶都"等茶叶批发市场，其中云南省投资集团投资的"中国蒙顶山·世界茶都"成为西南地区最大的茶叶交易中心，已入驻商户1000多家。据不完全统计，全市年批发零售雅安藏茶1.5万吨，组织茶企参加成都、北京、深圳、杭州、重庆等地茶博会，强力推介"蒙顶山茶""雅安藏茶"。

三、茶园建设

雅安位于北纬30°，是优质茶叶生产的核心地带，具备得天独厚的自然生态环境和生物多样性，为茶叶生产提供了良好的条件。雅安拥有国家级茶树良种繁育场——名山茶树良种繁育场，选育了多个国家级茶树良种，为茶叶生产的良种化和优质化奠定了基础。图7-1为牛碾坪茶树杂交育种园。图7-2为名山131（国家级良种）。

图 7-1　牛碾坪茶树杂交育种园

图 7-2　名山 131（国家级良种）

　　截至 2012 年，雅安市茶园面积为 60.7 万亩，产量 5.96 万吨，一产收入 17.1 亿元，综合产值 40 亿元。到 2021 年底，雅安市茶园面积达到了 100 万亩，与 2012 年相比增长了 64.7%；产量达到了 10.90 万吨，与 2012 年相比增长了 83%；一产收入达到了 49.2 亿元，与 2012 年相比增长了 188%；综合产值达到了 200 亿元，与 2012 年相比增长了 400%。2023 年，雅安市茶园总面积为 100.55 万亩，其中投产面积 84.98 万亩。干毛茶产量为 11.92 万吨，干毛茶收入为 80.72 亿元，茶产业综合产值达到 240

亿元。雅安市名山区作为主产区，茶园面积达到35.2万亩，75%的人口从事与茶相关的职业。

2022年，雅安出台《雅安市绿色（有机）农产品基地保护若干规定》。截至2022年，雅安建成全国茶叶高产优质高效标准化示范区、全国绿色（有机）农业示范区，建成全国绿色食品原料（茶叶）标准化生产基地面积达59.71万亩（1亩≈666.667平方米），藏茶产品获绿色食品认证91个、有机食品认证7个，有机茶资质认证面积3.16万余亩，132个产品获得有机食品（茶叶）使用标志认证，认证基地面积和个数居四川省前列。2021年，为进一步保护蒙顶山老川茶群体种，名山区将蒙顶山海拔800米以上区域划定为蒙顶山茶核心区，发布《蒙顶山茶核心保护区管理办法（试行）》，搭建从"茶园"到"茶杯"的全流程溯源体系。截至2023年，蒙顶山茶原真性保护核心区茶园共计4500亩，覆盖400多户茶农。2023年，雨城区被授予"全国优质边销茶基地"称号。

四、龙头企业引领

据统计，截至2023年，雅安市涉及黑茶生产、经营或销售并取得SC（生产许可证）的茶企共有70余家，其中藏茶生产和分装企业36家，均通过国家SC认证。其中，经民族工作部门认定的边销茶定点生产企业四川省雅安茶厂、雅安市友谊茶叶有限公司、四川雅安吉祥茶业有限公司、雅安市名山区西藏朗赛茶厂等8家，均自建有核心茶园基地。雅茶集团建成"一绿一黑"两个茶厂，总产能达1100吨/年，签订销售订单1.7亿元，实现综合营业收入1.57亿元。培育市级以上农业产业化龙头企业9家，其中省级8家。全市11家边销茶生产企业，年生产能力达5万吨。2023年，雅安中央储备边销茶计划成品茶2万担（0.1万吨），原料茶4万担（0.2万吨）。全市规模以上藏茶企业全部实现清洁化生产。先后成立雅安南路边茶商会、雅安藏茶协会加强行业管理，规模以上藏茶企业严格按照GMP良好操作标准实施清洁化生产，康润茶业建成国内首条藏茶自动化生产线，雅安茶厂入选第一批四川省精制川茶自动化清洁化加工示范企业名单。建成雨城区雅安藏茶产业园、荥经县川藏经济协作精制藏茶园区。发布实施《雅安藏茶》行业标准，完成雅安藏茶生产加工企业联盟《雅安藏茶》标准和实物标准样，藏茶标准化水平全面提升。

五、强化科教赋能

雅安与四川农业大学等高校合作，共建了四川省藏茶产业工程技术研究中心，科学分析微生物、衍生物以及微量元素含量，开展藏茶制作工艺攻关，攻克低氟茶加工、酶促发酵结合高温渥堆等技术难关，雅安藏茶氟含量在国家标准基础上实现再降27.5%—66.4%。为适应藏族同胞饮食习惯，雅安还与高校合作共同开发了调饮藏茶、藏花茶等新型藏茶，丰富速溶茶粉、速溶酥油茶等系列产品。为支持茶企技改升级，雅安还与高校合作优化了茶鲜叶清洗机、揉捻机、智能烘干机等设备配置，建成国内首条藏茶全自动清洁生产线，实现茶叶生产过程标准化、自动化。政校合作还开发了茶油、茶膏、茶饰、茶摆件等系列产品，推动茶树"根—干—叶—花—果"综合利用。

政、校、企、行、研共建了蒙顶山茶产业学院。茶文化传播中心建有集教学、实践、服务于一体的茶创空间，茶科技创新与成果转化中心建有国家土壤质量雅安观测实验站以及雅安食品药品应用开发研究中心、国家技术转移西南中心雅安分中心。截至2023年，蒙顶山茶产业学院建有2门国家级资源库课程、1门国家级社区教育示范课程，主编、参编教材10余部，学生在省级以上各类技能大赛中获奖23人次；茶科技成果丰硕，科研项目40项、论文61篇、专利14项，科研经费投入120余万元，成果转化产值300万元，发挥大健康专业优势，藏茶与健康研究实现从基础科研到产品开发、成果转化，填补产业链空白；在社会服务方面，蒙顶山茶产业学院编写茶文化读本，线上线下社会培训30余万人次，服务茶事活动超百场，承接各级大赛14项。截至2023年，以茶为纽带，蒙顶山茶产业学院与14个国家开展茶文化国际交流。2023年，蒙顶山茶产业学院成功入选第二批省级现代产业学院。

六、弘扬传统技艺

雅安实施了南路边茶制作技艺保护记录工程。雅安通过追溯1300多年边茶制作历史，梳理出南路边茶"唐宋蒸青团饼茶—明代散状叶茶—明末紧压砖茶"的发展脉络。以非遗传承为核心，雅安构建"非遗保护中心＋大师工作室（传习所）＋生产性保护示范基地＋博物馆"的保护体系。截至2023年，雅安建立南路边茶制作技艺大师工作室（传习所）24个，培育出2位"中国制茶大师"（黑茶类）。打造茶马古道第一驿站——中国藏茶村及"藏茶世界"等文化展示窗口，举办雅安藏茶文化季。雅安创编的歌舞剧《川藏·茶马古道》和话剧《茶马互市》走进了国家大剧院，并在北京、上海等地巡回演出，线上点击量破千万，推动了藏茶文化的可观性与可感性。

《川藏·茶马古道》是由四川省文化和旅游厅指导，中共雅安市委宣传部、雅安市文化体育和旅游局、四川省歌舞剧院有限责任公司联合出品的国家艺术基金资助项目，并入围"荷花奖"。该剧是以川藏茶马古道为原型创作的艺术作品。

七、边销茶生产保供

南路边茶，也称为边销茶。国家对边销茶采取了大量补贴和扶持政策，确保了边销茶价格的稳定。雅安先后承担并生产了西藏自治区成立20周年中央礼茶、十八军茶、民族团结牌康砖茶等"明星产品"，深受青藏高原各族百姓的喜爱。截至2023年，雅安已参与制定藏茶国家、行业和地方三级标准，雅安地区建成雨城区周公山茶园等藏茶专供种植基地20万亩，年供应茶叶产品1.6万余吨。

南路边茶是藏族人民的生活必需品，在一千多年的历史中，早已成为藏汉民族团结的纽带。雅安地区选派技术人员前往西藏墨脱等地开展茶树栽培和茶园管理技术培训，帮助这些地区建设易贡农场等茶叶种植基地，指导当地群众制作第一批自产红茶"雪域红"，推动茶产业成为高原群众增收致富的产业。

雅安将继续按照"全产业链开发、全价值链提升"的思路，推动茶产业高质量发展，努力将雅安打造成为全国优质、健康的黑茶重点产区。

时至今日，南路边茶被认为是黑茶的鼻祖。目前，南路边茶除了销往西藏地区，也逐渐成为西藏地区以外其他地区饮用茶品的代表。在政策的影响下，雅安以"三茶"统筹发展战略为指导，紧扣四川省委、省政府打造千亿精制川茶产业的战略部署，以及雅安市委、市政府"做响雅茶品牌 振兴雅茶产业"和加速构建"以雅茶引领现代农业提质增效"的现代化农业产业体系的工作要求，以乡村振兴为引领，以品牌打造为重点，以龙头企业为抓手，始终聚焦"一绿（蒙顶山茶）一黑（雅安藏茶）"，实施单品突破，强力推动雅茶产业转型升级和高质量发展，并强化藏茶文化挖掘、制作技艺非遗传承与茶旅融合等。

第八章
贸易与流通

第一节
茶 马 古 道

雅安作为茶马古道的重要节点，促进了不同民族文化之间的交流。藏族人民中流传着"一日无茶则滞，三日无茶则病"的谚语，反映了南路边茶对藏族人民的日常生活具有重要意义。

一、茶马古道概述

茶马古道是中国古代西南地区一条重要的商贸通道，起源于唐宋，兴盛于明清，贯穿了中国西南的多个省份，连接了四川、云南与西藏等地。茶马古道的历史可以追溯到2000多年前的汉代，其萌芽与形成与古代的茶马互市密切相关。

茶马古道是亚洲大陆历史上较为庞大且复杂的贸易通道，主要分为三路，分别是川藏、青藏和滇藏。

川藏茶马古道：经过四川的雅安、康定等地，进入西藏。

滇藏茶马古道：经过云南的丽江、香格里拉等地，进入西藏。

青藏茶马古道：起点在陕西，经过甘肃和青海等地，进入西藏。

其中，以四川雅安为起点的川藏茶马古道，又称为"亚洲的天堂走廊"，是世界上海拔较高、行路较艰难的高原古道之一，也是古代中国西南地区重要的商贸通道。川藏茶马古道连接了中国的四川、西藏等地以及周边国家，促进了汉、藏等民族的经济文化交流。

唐宋时期，随着饮茶风潮的兴起和马匹需求的增加，茶马古道逐渐形成并发展。自文成公主将茶叶带到西藏后，西藏地区的饮茶风气盛行。在接下来的1300多年里，茶叶成为藏族同胞的主要饮品，是藏族同胞的"民生之茶"，也是藏汉团结的"友谊之茶"。藏族同胞有"宁可三日无粮，不可一日无茶"的深刻感悟。茶叶成为西藏地区不可或缺的生活用品。另外，西藏地区盛产良马，四川、云南等地盛产茶叶。于是，具有供需互补性的"以茶易马"，即"茶马互市"应运而生，形成了一条延续至今的茶马古道。

茶马古道不仅是商贸往来的通道，也是民族之间增进文化交流的重要纽带。茶马古道推动了各民族经济文化的发展，加强了民族团结，对于维护边疆安全、促进民族和睦具有重要意义。茶马古道对茶文化影响深远，尤其对普洱茶的发展起到了关键作用。古道上的商贸活动促进了茶叶种植、加工技术的发展，以及茶文化的传播。茶马古道是指自唐宋以来至民国，因"茶马互市""以茶易马"形成的一条商贸交通要道。康藏地区属于高寒地带，藏族人民的主食是糌粑和牛羊肉，水果和蔬菜较少。糌粑干燥，牛羊肉脂肪含量高、热量高，过多的脂肪在体内不易分解。茶叶具有清热解毒、助消化、补充人体必需维生素等功能，因此藏族人民在长期的生活中，形成了喝酥油茶的习惯。

作为川藏茶马古道的起点，四川雅安自古以来就是著名的产茶之地。雅安不仅是蜀茶的主要产区，还通过南方丝绸之路和茶马古道将茶叶销往远方。这座位于四川盆地西缘的城市，因其得天独厚的地理位置，成为南路边茶的主产地，自古以来便是茶马古道上重要的物资集散地，在中国茶文化和茶马古道历史上占有举足轻重的地位。

与藏族人民的茶马交易和茶马互市虽是唐宋以后的事情，但早在汉代，蜀地的商人们就已开始利用茶叶等本地特产，与大渡河以外的"牦牛夷"部落，如邛、笮等进行物品交换，开辟了一条商贸之路，称为"牦牛道"。牦牛是青藏高原特有的一种耐寒动物，长期以来在高原地区的运输和经济生活中扮演着重要角色。因此，"牦牛道"可以被视为茶马古道的一部分，算得上是较早的"茶马古道"的雏形。

唐宋以来，茶马交易红红火火，商人往来熙熙攘攘，货物进出络绎不绝，原来的牦牛古道逐渐演变成蜿蜒于西部高山大川、峰岭峡谷之间的"茶马古道"。这一古道在中国历史长河中绵延千年，具有重要的历史地位。茶马古道是古代中国西南地区一条重要的商贸通道，起源于唐宋，兴盛于明清，贯穿了中国西南的多个省份，连接了四川、云南与西藏等地。雅安作为茶马古道的起点之一，是茶叶向西运输的起点，也是茶马互市的中心。

二、川藏茶马古道起点——雅安

雅安自古盛产名茶，是"川西咽喉"。由于具有优质的生态环境与适宜的地理位置，雅安成为川藏茶马古道的起点。然而，从雅安出发进入西藏地区的过程，是成都平原向青藏高原的攀升，川藏茶马古道的许多区域均为悬崖峭壁、地势险峻，骡子或马等运输动物难以到达，只能靠人力双脚攀登。因此，从雅安出发，背茶前往西藏地区的独特景象逐渐形成，在茶马古道上，这些背茶的人被称为"背夫"。

在雅安人的记忆里，背夫总是往返于雅安和西藏地区，他们坚实的背影深深烙印在人们的心里。为了将茶叶运入西藏地区，并将西藏地区的土特产运入其他省份，人们逐渐开辟出了一条条以茶叶贸易为主的交通线。在藏、汉民族商贩、背夫、驮队和马帮的努力下，这些线路不断拓展。自唐代以来，这种贸易关系主要以茶与马的交易为基础，因此历史上称之为"茶马互市"或"茶马贸易"。伴随这一贸易开通的商道，被称为"茶马古道"。

南路边茶历史悠久、品质优良、产量巨大并且文化内涵丰富，在国内外享有盛名。自明清以来，雅安藏茶便一直在西藏地区流通，与中国其他省份茶区保持着广泛而密切的经济往来。当时，政府也非常重视茶在促进国家稳定方面的作用。南路边茶在促进汉族与藏族的交往以及民族团结统一方面的贡献也不可磨灭。

（一）地理位置的重要性

雅安地处四川盆地与青藏高原的过渡地带，素有"川西咽喉"之称。雅安东邻成都平原，西接甘孜藏族自治州，南濒凉山彝族自治州，北靠阿坝藏族羌族自治州。雅安是促进汉族与藏族沟通的重要通道，成为南方丝绸之路和茶马古道的交通要冲，也是汉、藏、羌、彝等多民族文化交汇融合的重要场所。雅安的天然地理位置促进了人员的聚集和文化的融合，为南路边茶的产生和发展提供了丰富的文化土壤。此外，雅安的气候温和、雨量充沛，为茶树的生长提供了良好的条件，使雅安成为优质茶叶的产地。

（二）川藏茶马古道的网络线路

雅安因其独特的地理环境，成为川藏茶马古道的起点，是茶叶向西运输的起点，也是茶马互市的中心。雅安的川藏茶马古道主要有两条：一条从雅安出发，向南经荥经翻越大相岭，穿过岭垭口到达"打箭炉"（今康定市）。这条路是朝廷向西藏地区运入军饷等物资的官道，俗称"大路"；另一条从雅安出发，经天全翻越二郎山到达"打箭炉"。这条路山高沟深，道路险峻，气候恶劣，主要是背夫来往的羊肠小道，俗称"小路"。

川藏茶马古道艰险重重，骡马难行，主要依靠人力背运。为了方便运输，用篾条包装茶包，每包20斤（1斤＝500克），一般每人背10到12包，稍多的背15包或16包，重量可达300多斤。运输是一件辛苦的差事。在茶马司、上里古镇、望鱼古镇、新添镇、清溪古镇、甘溪坡等茶马古道遗迹中，仍保留着当年背夫使用过的背夹子、码子、汗刮子、拐子等工具，以及他们遗留下的拐子窝痕迹。

（三）茶叶产业的繁荣

雅安的茶产业历史悠久，雅安自西汉便开始种植茶叶。到了唐代，雅安的茶已经名声远扬。宋代，雅安的茶叶生产更为发达，茶叶成为与西藏地区交换马匹的重要物资。雅安的边茶因其独特的发酵工艺和紧压形态，非常适合长途运输和长期储存，深受西藏地区人民的喜爱。

（四）茶文化的传播

雅安不仅是茶叶的集散地，也是茶文化的传播中心。茶马古道上的茶文化随着茶叶的运输向西传播，影响了沿途的多个民族。雅安的茶馆、茶艺和茶礼等茶文化元素，也因茶马古道传播到更远的地方。

（五）茶马古道的现代价值

随着现代交通的发展，茶马古道的商贸功能逐渐减弱，但其历史文化价值却日益凸显。雅安作为茶马古道的重要节点，其历史遗迹、传统村落和非物质文化遗产等逐渐成为研究古代商贸、民族交流和茶文化的重要资源。为了保护和开发茶马古道的历史文化资源，雅安市政府和相关部门开展了一系列工作，包括修复古道遗址、建立茶马古道博物馆、举办茶文化节等活动，旨在传承和弘扬茶马古道文化，同时推动当地旅游业的发展。

雅安，这座因茶而兴、因茶而著名的城市，在茶马古道上的历史地位不可替代。从茶叶的种植、加工到贸易，再到茶文化的传播，雅安在茶马古道上扮演了多重角色。如今，随着人们对茶马古道文化价值的重新认识，雅安正以新的面貌，向世人展示其深厚的历史底蕴和独特的文化价值。

三、茶马古道的当代价值

茶马古道不仅是商贸往来的通道，也是民族之间增进文化交流的重要纽带。茶马古道推动了各民族经济文化的发展，加强了民族团结，对维护边疆安全和推动民族和睦具有重要意义。现代，茶马古道的价值更多体现在文化层面。作为中国乃至世界贸易交流的重要组成部分，茶马古道对研究古代商贸、民族交流和茶文化具有重要的历史价值。2013年3月，茶马古道被列为全国重点文物保护单位，显示了国家对其历史文化价值的认可与保护。

茶马古道是中国古代商贸和文化交流的重要通道，它见证了中国西南地区的发展和民族关系的变迁，是连接不同民族文化和经济活动的桥梁。随着人们对茶马古道文化价值的重新认识，这一古老的商贸通道正在以全新的面貌向世人展示其深厚的历史底蕴和独特的文化魅力。

第二节
茶政对南路边茶的影响

雅安东靠成都、西连甘孜、南接凉山、北接阿坝，与藏区接壤。自唐宋以来，朝廷高度重视边茶贸易，将其列为"国之要政"，实施"茶马之政"，由国家统购统销边茶，先后推行茶马互市、榷茶制、引岸制等。

一、唐代——茶马互市的开端

自唐宋以来，朝廷实行"以茶易马、以茶治边"的政策以维护国家统治，形成了榷茶制、引岸制等制度。多项茶政的实施促进了茶马互市的兴盛。唐景云二年（711年），吐蕃女政治家赤玛类倡议唐蕃茶丝换马贸易，以赤岭、甘松岭为互市地，年易马4.8万匹。这标志着茶马互市的开端，茶马古道由此开始。

茶马互市是茶马古道上的一种特殊贸易形式，以茶叶和马匹为主要交易对象。雅安作为茶马古道的集散地，茶马互市在此非常活跃。每年春季新茶上市时，来自西藏地区的马帮便会云集雅安，与当地茶商进行交易。这种互市不仅促进了商品流通，也加强了各民族之间的文化交流。

二、宋代——榷茶制的实行

宋朝分为北宋（960—1127年）和南宋（1127—1279年）两个时期。北宋时期，疆域相对稳定，但南宋时期由于金国的入侵，经历多次战争。

战争需要军费，需要战马。茶叶税赋成为宋王朝增加财政收入、解决边境军需的一大支柱。因此，宋王朝实行了严格的榷茶制。

榷茶制即茶叶专卖制，始于唐朝。唐大和末年（约835年），太仆卿郑注建议唐文宗改税茶为榷茶，盐铁转运使王涯也力谏大改茶法，以期尽收茶叶之利。文宗命王涯为榷茶使，于当年禁止商人与茶农自由贸易，使茶叶的产销统归朝廷经营。这一政策导致茶农利益被严重盘剥，朝野对此侧目，天下大怨。后王涯因"甘露事变"被杀，朝廷听从户部尚书令狐楚的建议，废止了实施仅一个月的榷茶制。

宋代榷茶制始于宋太祖时期。约公元965年，宋太祖下诏在碉门（今雅安市天全县）创立"土军三千、茶户八百、种植茶树、采焙制造、以备赏番"。自此，藏茶被不断运往康藏，成为藏族人民的生活必需品。

宋王朝为了保证军马之需，在北宋太平兴国二年（977年），实行"榷茶易马"制度。这一制度在四川首先推行，并规定"专以雅州名山茶易马，不得他用"。因此，蒙山茶成为历代中央王朝与吐蕃等国进行茶马贸易的专用茶。

榷茶制在一定程度上促进了茶叶的生产和流通，但同时也带来了一些问题。通过严惩私买私卖，榷茶制旨在实现官府的低买高卖垄断效果，但这严重损害了茶农和茶商的利益，引发了他们的反抗。茶农与茶商之间的利益冲突日益加剧，茶农的种茶利润大幅缩减，导致茶叶的种植面积逐渐减少，国家的"专卖"也因此失去了基础。此外，茶商利用自身的实力与官府周旋，通过各种手段诋毁榷茶制，给榷茶制的实施带来了不少麻烦。综上所述，由于多方面的原因，榷茶制最终宣告失败。

三、宋代——茶马司的设立

在榷茶的同时，茶马交易制度也逐步建立和完善。由于战争频繁，宋朝需要大量战马。在以往的交易中，战马是通过铜钱购买的，但铜钱是铸造兵器的原材料，购买战马后，铜钱可能被重新熔铸成兵器。因此，朝廷设立了茶马司，建立了买马场，并派出官员前往四川，负责这一交易制度的实施。

宋太平兴国八年（983年），盐铁使王明上书，"戎人得铜钱，悉销铸为器"。于是，始设茶马司，禁用铜钱买马，改用茶或布匹换马，成为一种法制制度。

北宋时，蒙顶山茶是战马较重要的交换物。神宗熙宁七年（1074年），派李杞入川，筹办茶马政事，设立茶马司。

位于名山区新店镇的茶马司遗址，始建于宋神宗熙宁七年（1074年），现存建筑为清道光二十七年（1847年）重修，坐北朝南，为一座石木结构的四合院，是保存较完整的茶马司官衙旧址。门前立有碑文"茶马古道·茶马司"，大门上用汉藏两种语言书写"茶马司"三个大字。大门两侧有青石壁画，主题分别为"汉藏一家"和"以茶易马"，表现了汉藏人民互换茶马的繁荣景象。2013年，茶马古道被国务院列为第七批全国重点文物保护单位。

1074年，神宗遣三司干当公事李杞入蜀经划买茶，于秦凤、熙河博马。仅雅州境内就先后设置名山买马场、雅州城买马场、名山百丈买马场、荥经买马场、芦山买马场、黎州买马场、灵关镇买马场、碉门寨买马场等。

北宋神宗元丰元年（1078年），朝廷在名山建茶监，统管以茶易马公务茶政。宋神宗元丰四年（1081年）下诏："专以雅州名山茶易马，不得他用。"从神宗熙宁至孝宗淳熙，名山茶每年运至熙（今甘肃临洮）、秦（今甘肃天水）、河州（今甘肃临夏）以及今青海地区等与吐蕃易马，多达二万驮。

茶马司专责茶马互市事宜，成为自宋代以来承办与藏族等各民族进行茶马互市的茶政机构。在鼎盛时期，每年达到"岁运名山茶二万驮"（每驮50千克）之多，接待民族茶马贸易通商的人数一日竟达两千余人。"一百斤名山茶，可换四尺二寸大马一匹"。在宋徽宗大观二年（1108年），他下达了一道诏令，令"熙、河、兰湟路以名山茶易马，不得他用"，并"定为永法"。

宋徽宗宣和二年（1120年），创制万春银叶，年贡皇室40片（一片即一饼）。宋徽宗宣和四年（1122年），创制玉叶长春，年贡皇室100片。蒙顶山皇茶园现存遗址，宋孝宗淳熙十三年（1186年）正式命名为"皇茶园"。孝宗皇帝又于淳熙十五年（1188年）敕封吴理真"甘露普慧妙济菩萨"，并于绍熙三年（1192年）二月立于蒙顶山房。

元统一全国后在四川设立西番茶提举司。元至元十四年（1277）"置榷场于碉门、黎州与吐蕃贸易"。元代黎州（今四川汉源）、雅州（今四川雅安）以及今天的天全县等地被销往西藏地区的茶统称为"西番茶"。

唐宋时期，设立的一系列茶政促进了雅安地区的茶马贸易。特别是雅安茶马司在政府主导下，极大地推动了南路边茶的流通与交易。南路边茶对于稳定边疆和民族团结具有特殊意义。通过设立茶马机构，以茶易马，逐步确立了茶马交易体系。值得一提的是，雅安名山一带是成都平原与少数民族地区的连接地带，茶马交易自然活跃。雅州（今雅安）辖区的三个买马场——雅州城买马场、灵关镇买马场和碉门寨买马场，在历史上均是贸易繁荣之地。

四、明代以后

到了明代，南路边茶依旧在以茶易马的交易中占有主导地位。明代文学家汤显祖《茶马》记载："黑茶一何美，羌马一何殊。羌马与黄茶，胡马求金珠。"《明史·茶法》载，太祖朱元璋"诏天全六番司民，免其徭役，专令蒸乌茶易马"。"乌茶"即藏茶、边茶；天全即今雅安市天全县。

洪武五年（1372年），设永宁、雅州茶局。洪武十九年（1386年）设雅州、碉门茶马司。洪武二十一年（1388年），"诏天全六番司民，免其徭役，专令蒸乌茶易马"。

洪武三十四年（1401年），太祖朱元璋谕蜀王椿："秦蜀之茶，自碉门、黎、雅，抵朵甘思、乌思藏，五千余里皆用之。" 皇茶园内的七株茶树所产茶叶作为供皇帝祭天祀祖的专用茶，园内外所产茶叶，开始列为正贡、副贡和陪贡。清光绪二年（1876年），四川总督丁宝桢在雅州各县实行"招商认岸"办法。

清光绪二十年（1894年），藏印签订通商条约，印度茶以低价涌入藏区，冲击了川茶市场。川茶销往藏区的数量由十万八千引骤降至四五千引，导致川茶在藏区的销量大幅下滑。清光绪三十四年（1908年），为了抵抗英国的侵略和印茶入藏，振兴雅安边茶在西藏地区的地位，川滇边务大臣赵尔丰和四川督军赵尔巽组织抵制印茶入藏，整顿四川茶业。在雅安成立商办藏茶公司筹办处，联合雅安、邛崃，以及名山、荥经和天全的茶商，于1910年正式成立"商办边茶股份有限公司"。公司的纲领是"藏茶公司为抵外保内而设"，"为保全川藏茶业权利，关系重大"，"本系特别创举"。

1939年，西康省成立。国民政府为垄断边茶经营，在雅安筹备成立"中茶公司西康省分公司"。随后，私营茶号率先联合成立"康藏茶叶股份有限公司"，包销全部茶。这一举措导致名山以及邛崃的茶号倒闭，仅有雅安和天全的茶号继续收购原料，并代加工成品茶。

1958年，中共名山县（今名山区）委按照毛泽东主席关于"蒙山茶好，蒙山茶要发展，要与广大群众见面，要和国际友人见面"的指示，组织800余人在蒙山开荒种茶。当年开荒1000多亩，垦复荒茶地、新种茶地300多亩，建成蒙山茶叶培植场。蒙顶甘露被列为全国十大名茶。

1985年，国务委员兼国防部部长张爱萍将军登上蒙顶山，考察蒙顶山悠久茶史和茶文化底蕴后，欣然命笔，留下"禹贡蒙山"墨宝。1986年，四川省文化厅同意建立名山县蒙山茶史博物馆，次年建成，是中国第一座茶史博物馆。1986年，全国人大常委会副委员长第十世班禅额尔德尼·确吉坚赞视察国营雅安茶厂，并亲笔题词："煦风送暖催春意，碧玉绿叶舞新姿，馨香摸鼻味醇美，雅安藏茶引嘉宾。"（藏文音译）2001年，国家质检总局、国家认监委同意，实施蒙山茶原产地域产品保护。2002年，中国台湾天福茶博物院院长和陆羽茶学研究所所长专程前往蒙顶山，向永兴寺赠送了《蒙山施食仪》和《蒙山施食仪规》两本经书。

2004年，第八届国际茶文化研讨会暨首届蒙顶山国际茶文化旅游节在雅安隆重举行，来自欧盟以及美国、韩国、日本等20多个国家和地区的 2800 名茶业界专家、学者，一致通过了《世界茶文化蒙顶山宣言》，确立了蒙顶山是世界茶文化发源地、世界茶文明发祥地、世界茶文化圣山的历史地位。

2008 年，黑茶制作技艺（南路边茶制作技艺）被列入第二批国家级非物质文化遗产代表性项目名录。与此同时，中国茶叶流通协会授予雅安市"中国藏茶之乡"美誉。2012 年。名山荣获中国名茶之乡、中国重点产茶县、中国茶叶产业发展示范县殊荣。2012 年，国家工商行政管理总局商标局公布 2012 年度中国驰名商标，名山"蒙顶山茶"商标通过认定，成为四川首个获得中国驰名商标称号的茶叶类地理标志类驰名商标。2015 年，中国茶叶流通协会授予雅安"中国茶都"称号。2017年，首届中国国际茶叶博览会总结大会发布了"中国十大茶叶区域公用品牌"推选结果，雅安"蒙顶山茶"位列全国第四，荣登"中国十大茶叶区域公用品牌"前列。2017 年，农业农村部正式把四川名山蒙顶山茶文化系统纳入了第四批中国重要农业文化遗产。2018 年，名山区被国际茶叶委员会授予"世界最美茶乡"荣誉称号。2022 年，"中国传统制茶技艺及其相关习俗"被列入联合国教科文组织人类非物质文化遗产代表作名录。

雅安的南路边茶因其独特的发酵工艺和紧压形态，适合长途运输和长期储存，因而成为西藏地区人民不可或缺的日常必需品。作为茶马古道的集散地，雅安不仅促进了茶产业的发展，还加强了不同民族之间的经济和文化交流，增进了各民族之间的感情。雅安的地理位置对南路边茶的发展起到了决定性作用，它不仅是茶叶生产的重要基地，也是茶文化传播的关键节点。

南路边茶促使雅安成为一个富有历史文化底蕴的文化传承地。古时，朝廷设立茶司马，专管茶叶生产。在茶马古道上，成千上万的背茶工历经艰辛，将藏族同胞的日常所需品跨越崇山峻岭送至藏区。这本身就是人类文明交流的丰碑，对安定边疆和促进民族团结具有重要作用。

第三节
雅安市作为川藏茶马古道起点的
历史地位及现实意义研究

作为川藏茶马古道的起点，自古以来，四川雅安就是著名的产茶之地。据古碑和清代《四川通志》记载，公元前53年，距今已有2000多年的汉代，名山人吴理真在蒙顶山种下茶树，开创了人工种茶的先河。

从唐玄宗天宝元年（742年），蒙顶山茶即被列为中央朝廷祭天祀祖与皇帝饮用的专用贡茶。自唐代以来，蒙顶山茶在1000多年间每年都进贡给皇室，直至民国时期。813年，《元和郡县志》记载："蒙山在县南十里，今每岁贡茶，为蜀之最。"唐代更有许多著名诗句赞美雅安茶，如黎阳王的"若教陆羽持公论，应是人间第一茶"，以及白居易的"琴里知闻唯渌水，茶中故旧是蒙山"。雅安自古以来就是茶叶的主要产地，茶叶也通过南丝绸之路和茶马古道销往远方。

一、雅安作为川藏茶马古道起点的历史地位

（一）定义

茶马古道是一个具有特殊历史意义的概念，指的是自唐宋以来至民国，汉藏之间以茶易马贸易形成的一条重要交通要道。中国的茶马古道主线有三条，即川藏茶马古道、滇藏茶马古道和青藏茶马古道。其中，川藏茶马古道主要依赖人背畜驮等艰苦的方式运输。

雅安市是川藏茶马古道的起点，历史上形成了由雅州（今雅安）、碉门（今天全）翻越马映山（二郎山）到打箭炉（今康定）的主要路线，以及由雅安经荥经、黎州（今汉源）翻越大相岭、飞越岭至打箭炉的路线。从康定起，川藏茶马古道分为南、北两条支线：北线从康定向北，经道孚、炉霍、甘孜、德格、江达抵达昌都（今川藏公路的北线）；南线

则从康定出发向南，经雅江、理塘、巴塘、左贡至昌都（今川藏公路的南线）。随后，昌都通向卫藏地区，最终延伸至不丹、尼泊尔和印度。除了主线，茶马古道还有若干支线，构成了一个庞大的交通网络。

（二）雅安作为川藏茶马古道起点的历史溯源和进程

根据有关史料记载，茶马古道可追溯到唐朝与吐蕃交往时期。据《西藏政教鉴附录》记载："茶叶亦自文成公主入藏也。"学者考证认为，文成公主所带的茶叶即为雅安所产的龙团和凤饼茶（后称藏茶）。雅安的茶叶供奉朝廷后，作为礼品被带进西藏地区。中国茶文化兴于唐朝，盛于宋朝。在唐朝，茶文化蓬勃发展，茶叶的需求量大增，茶叶的种植也开始大规模发展，雅安的茶叶畅销于吐蕃。《汉藏史集》中有一章名为"茶叶和碗在吐蕃出现的故事"称"此王（都松莽布支，松赞干布孙辈）在位之时，吐蕃出现了以前未曾有过的茶叶和碗"。

宋代盛行斗茶。这一时期，中国饮茶之风日益兴盛，不仅文人雅士、王公贵族、达官显贵使用茶叶，茶叶也逐渐进入了平常百姓家。此时，饮茶已成为高原人民的日常生活习惯，茶叶需求量骤增。由此，汉藏之间的茶马贸易大规范应运而生，宋朝中央政府对此直接介入。宋朝在雅州（今雅安）、碉门（今天全县）、黎州（今汉源县）等地设立了"茶马互市"。资料显示，两宋时期四川年产茶叶约1500万千克，其中每年至少有750万千克销往西藏地区。

元代设立了西番茶提举司，由官府统一管理。虽然统治者不乏马匹，但仍然重视茶叶向西藏地区销售，在碉门（今天全县）等地进行互市。明代是西南地区古道建设加速的时期，也是汉藏茶马贸易的鼎盛时期。明朝的治藏政策规定"又以其地皆食肉，倚中国茶为命，故设茶课司于天全六番，令以市马，而入贡者又优以茶布"。《明英宗实录》中记载，天顺二年（1458年），明廷规定乌思藏（西藏地区）地方该赏食茶，于碉门茶马司支给，也促使乌思藏的贡使选择由川藏道入贡。1470年，明政府明令西藏僧俗官员入贡"由四川路入"。自此，雅安茶马古道开始了官方管制的历史。川藏线成为入藏的正驿站，兼作贡道和官道，是茶叶输送进藏的主要通道。在明朝，"茶马互市"的政策法令由雅安首发。《明史·食货志》记载："明初，雅州碉门茶马司规定，西藏的上等马给茶40斤，中等马给茶30斤，下等马给茶20斤。"《雅安县志》（民国版）载：较早的藏茶加工企业为明嘉靖二十五年（1546年）的"义兴茶号"。在明朝，茶叶不仅是汉藏之间的经济贸易纽带，也是重要的政治和民族文化走廊。雅安在茶马贸易及茶马古道中占据了举足轻重的地位。

清代，汉藏茶马贸易及汉藏友谊得到了长足发展。从明朝到清朝，茶马古道的川藏线更加繁荣，形成了经天全翻二郎山到康定和经荥经翻大相岭到康定的两条线路，最终直达拉萨。雍正十年（1732年）王世睿在《进藏纪程》中说："打箭炉，旧传武侯铸军器于此，故名。"当时的茶马贸易已深入藏地，川藏茶马线在人员和畜力的协助下，单边行程一般需3至5个月。清朝末年，印茶入藏对汉藏茶马贸易产生了影响和冲击。为此，政府在雅安设立边茶公司，以抵制印茶。到清末，雅安设立的茶号已超过200家。

民国时期，由于战乱，政府对茶叶入藏的支持逐渐淡化。然而，汉藏民间商人之间的茶叶贸易依然活跃。

自中华人民共和国成立以来，在西藏地区每十年一度的大庆典上，政府均将雅安藏茶作为指定馈赠珍品，赠送给藏族同胞。

二、雅安作为川藏茶马古道起点的现实意义

（一）茶马古道的现实意义

1. 民族文化走廊

中国是世界文明古国，拥有悠久的历史文化和56个民族。在茶马古道上，人们不仅进行以茶易马的贸易，还在物物交换、生产技术和文化传播等方面进行了广泛的交流。

茶马古道增进了沿途民族之间的感情，加强了汉藏交流，使人类文明在这条道路上融合、荟萃。古老的川藏茶马古道成为民族之间跨地域、跨时空的纽带。

2. 历史文化研究的瑰宝

在古老的茶马古道上，人们通过以茶易马在沿途留下了许多印记。民族之间的交流、文化的融合以及风俗习惯的传播，在日常生活习俗、生活用具、建筑和文字记载上都有不同程度的体现。这些印记对历史文化研究和民族文化研究都起到了非常重要的作用。

3. 风景秀美的旅游线路

茶马古道是世界上海拔较高、地势较险、路途较遥远的古道，贯通中华大地，成为中国古文明传播的重要国际通道。川藏线的茶马古道横贯中国西部，从四川盆地的边缘一直延伸到地形较复杂、较险峻的高山峡谷地区，其山路崎岖之险峻、通行之艰难实为世间罕见。而对于现代文明来说，茶马古道又是一条风景秀美的旅游线路。

（二）奠定雅安深厚茶文化底蕴的基础

雅安自古以来就以名茶闻名，有关于植茶始祖吴理真的记载，开辟了人工植茶的先河。蒙顶山被誉为世界茶文化圣山。雅安的茶叶品种繁多，如藏茶甘露、黄芽、石花、紫笋等。作为茶马古道的起点，雅安在茶叶的集散和聚集方面发挥了重要作用。使雅安成为川藏茶马古道的起点，能够进一步加深雅安茶文化的历史积淀。雅安是茶马古道上四川的一个重要城市。因此，深入研究茶马古道的学术论坛和研究活动都可以在雅安开展。

（三）促进雅安茶产业的发展

雅安作为川藏茶马古道的起点，有助于雅安推广茶文化，促进区域品牌的打造，树立强有力的茶叶品牌效益，提高雅安茶的知名度，进而推动雅安茶的销售及茶产业的发展。

（四）茶旅融合

大力发展旅游业是当今交通发展的重要趋势。尽管茶马古道的现实交通意义已逐渐消亡，但其旅游文化价值日益提升。雅安拥有丰富的茶文化旅游资源，例如名山宋代茶马司遗址等。

此外，雅安以蒙顶山旅游景区为中心，借助茶祖吴理真发展文化旅游，打造国家级现代茶叶加工体验区；以中峰乡牛碾坪、万古乡红草村、双河乡骑龙村的茶园为核心，建设生态文化旅游观光示范区。另外，2015年，名山区中国南丝绸之路——蒙顶山茶乡风情游路线，获得"中国十佳茶旅路线"称号。在茶马驿站上里古镇，游客可以体验古镇水乡的风情；在地震灾后重建的藏茶村，游客可以参与采茶、制茶，并参观藏茶博物馆；茶马古镇的茶叶市场和主题茶馆也为游客提供了丰富的体验感。因此，巩固雅安作为川藏茶马古道起点的历史地位，将有助于茶旅融合，推动旅游业的蓬勃发展。

三、总结

自古以来，雅安盛产名茶。自唐代开始，雅安茶不仅是皇宫祭天祀祖的贡茶，还通过早期的川藏茶马古道输往西藏地区。位于青藏高原的西藏地区由于海拔较高，蔬菜、水果等匮乏，藏族同胞常年以牛羊肉为主食，有时会缺乏维生素、矿物质等微量元素。藏茶因其便于长期存储的特征，成为藏族人在日常生活中的重要饮品，帮助补充高原地区人们缺乏的营养。从唐代开始，藏族人民就将藏茶视为生活必需品。流传至今的俗语如"一日无茶则滞，三日无茶则病"和"宁可三日无粮，不可一日无茶"，深刻反映了茶在西藏地区少数民族生活中的重要地位。

雅安作为川藏茶马古道的起点，在历史上对藏区茶叶的输送起到举足轻重的作用。这不仅满足了藏族人民的日常生活需求，还积极促进了民族之间的交流与团结。

巩固雅安作为川藏茶马古道起点的历史地位，对雅安的茶产业和旅游业发展具有重要意义。这将有助于提升雅安茶文化的历史地位，提升雅安茶品牌的知名度。此外，雅安拥有丰富的茶文化旅游资源，借助川藏茶马古道，雅安可以被打造成茶旅融合、茶文化研究和茶叶科学研究的集聚地。

第九章
制 作 工 艺

一、原料初制

雅安藏茶（南路边茶）指在雅安辖区，以一芽五叶以内的茶树新梢（或等同嫩度的对夹叶）为原料，采用南路边茶的传统核心制作技艺，并结合现代茶叶加工工艺，经杀青、揉捻、渥堆、干燥、精制、拼配、蒸压（或不蒸压）等工序制成的黑茶类产品。该茶具有褐叶红汤、陈醇回甘等特征。南路边茶与蒙顶山茶同宗同源，因产自雅安，历史上主要销往西藏、青海等地，因此得名"雅安藏茶"。传统的南路边茶原料成熟度相对较高。

雅安藏茶（南路边茶）原料以刀割的茶树成熟枝梢为主，占原料的60%以上，成熟枝梢是当年或前一年萌发的枝梢。南路边茶根据初制工艺的不同，可分为做庄茶和毛庄茶。毛庄茶，也被称为金玉茶，是指鲜叶经过杀青后未经揉捻直接干燥的茶叶。做庄茶是指在杀青后，还需经过蒸揉、渥堆（发酵）、做包等一系列复杂工艺，而后再进行干燥的茶叶。做庄茶的主要工艺流程包括：杀青、揉捻、渥堆、干燥、精制、拼配、蒸压（或不蒸压）等，最多可有18道工序，最少也有14道工序。毛庄茶则仅经过杀青和干燥，制法相对简单，但通常品质不如做庄茶。随着茶区工艺的逐步更新，做庄茶已成为主流，毛庄茶逐渐被淘汰。

由于原料产地生产条件不同，在一些茶区，由于没有渥堆条件，鲜叶原料经过杀青后直接干燥，这些不经过渥堆的原料称为"毛庄茶"。"毛庄茶"进入加工厂后，需进一步经过渥堆等工艺过程，最终制成"做庄茶"。无论是毛庄茶还是经过做庄工艺加工后的茶叶，都需要经过筛分、切轧、蒸茶、压制等工艺，最终制成砖茶。

二、做庄原料茶（金尖原料茶）的加工

做庄原料茶又称"金尖原料茶"，简称"做庄茶"，是南路边茶的主要原料，康砖茶和金尖茶都以它为主要配料。在20世纪60年代之前，做庄茶的制造工艺需要经过18道工序。

18道工序即杀青—第一次渥堆—第一次拣梗—第一次晒茶（干燥）—第一次蒸茶—第一次蹓茶（揉捻）—第二次渥堆—第二次拣梗—第二次晒茶—第二次蒸茶—第二次蹓茶—第三次渥堆—第三次晒茶—筛分—第三次蒸茶—第三次蹓茶—第四次渥堆—第四次晒茶。

概括为一炒（杀青）、三蒸、三蹓、四堆、四晒、二拣和一筛。做庄茶的加工在近代经历了三次改革，分述如下。

（一）杀青

传统的手工杀青主要使用石锅灶进行，采用直径96厘米的大锅，锅温约300℃，投叶量为15—20千克。杀青方法为先焖炒，后翻炒，翻焖结合，以焖为主。现在一般使用杀青机，焖炒7—8分钟。当叶质变软、失去光泽、梗折不断、茶香散发时，即可起锅。

（二）渥堆

渥堆是南路边茶的关键工序。南路边茶之所以区别于其他茶类，是因为南路边茶的制作要经过四次渥堆，至少也要三次，形成黑茶特有的色、香、味、形。

渥堆分为四次完成。第一次渥堆是在杀青叶出锅后，趁热堆放，茶堆高度为1.5—1.7米。如果杀青叶量较小，可以在大木桶或拌桶（收割水稻时用来脱粒的方形木质容器）内进行渥堆。渥堆时，茶叶上需覆盖棕垫、麻袋等物品，以保温、保湿。渥堆时间根据茶堆的大小和天气情况而定，通常为6—12小时。如果茶堆较大或气温较高，渥堆时间可以

稍短，反之则可延长。第一次渥堆的目的是使梗叶分离，便于拣梗后进入下一道加工程序。

第二次渥堆是在第一次蒸揉（蹓）之后进行，趁热将蒸揉后的茶叶堆放。第二次渥堆的目的是促进黑茶色、香、味的形成。茶堆高度、保温、保湿条件与第一次渥堆相同，渥堆时间通常为24—48小时。

第三次渥堆是在第二次蒸揉后进行的，方法与第二次渥堆相同，目的是促进茶叶内有关物质的进一步氧化、分解和转色，使之更加均匀。

第四次渥堆是在第三次蒸揉后进行的，作为前三次渥堆的补充。由于进入第四次渥堆的揉捻叶含水量较低（约25%），渥堆转色的变化明显减弱，通常渥堆时间为12—20小时。如果前三次渥堆不足，第四次可延长渥堆时间，必要时可达到72小时。

每次蒸茶、蹓茶后都要进行渥堆，以去掉青涩味，转为良好的汤色和滋味，叶色转为深红褐色，堆面出现水珠，即可开堆。

（三）蒸茶

蒸茶的目的是通过加热提升茶叶的韧性，便于脱梗和揉捻。在蒸茶过程中，将茶叶放入蒸笼（甑）内，盖好盖子，置于沸腾的水蒸气上蒸制，直到蒸盖下滴水，且桶内茶坯下陷，叶质变软。

（四）揉捻

黑茶的传统揉捻方法是将茶叶装入麻袋，在专用的蹓板上踩蹓。茶叶被蒸热后，倒入蹓茶袋中，两人抬起麻袋，将其放在蹓板上。蹓茶时，两人扶住蹓板两边的扶手，面向高处站在茶袋上，缓慢且有节奏地同步倒退，由上而下蹬踩茶袋，如同狮子滚绣球表演，使茶袋有规律地向下滚动。在挤压和滚动力的作用下，麻袋中的茶叶产生褶皱和卷褶，逐渐形成条形。蹓茶技术被列入国家非物质文化遗产名录，目前雅安还保留这一传统的黑茶制作工艺。

现在可采用揉捻机将茶叶揉捻成条，80%—90%的叶片卷曲成形即可。

（五）拣梗

南路边茶在采摘时，除了手工采摘嫩芽，还会使用"茶刀子"采割，这可能导致茶叶中混入老梗和杂质。拣梗通常在第一次渥堆发酵之后进行，此时茶叶已经经过杀青、渥堆等初步处理。拣梗可以为后续的晒茶、蒸茶等工序做好准备。拣梗的方法通常包括手工挑选、风选和风吸。手工拣梗是将茶叶倒在长形木条上，人工挑选出茶梗；风选和风吸则利用风力将茶梗和杂质分离。在南路边茶的制作过程中，拣梗是一个重要步骤，主要目的是去除茶叶中的较大茶梗和杂质，以保证茶叶的质量和口感。拣梗可以确保茶叶的纯净度，提升茶叶的品质。

（六）筛分

筛分的作用是将已成条的茶叶与未成条的叶片分离，以确保茶叶的质量并提高生产效率。筛分通常在第三次晒茶（干燥）后进行，使用专为边茶设计的筛子。这种筛子通常由竹篾编制而成，长约1.5米，宽约0.8米，筛孔边长为3厘米×3厘米。通过筛分，筛下的茶叶大部分已经基本成条，经过干燥后可以进入黑茶的蒸压阶段。而筛面上的茶叶则需经过第四次蒸茶和揉捻。

（七）干燥

做庄茶的干燥过程通常需要经过四次才能完成。在传统的做庄茶工艺中，干燥主要通过晒干的方式进行，通常将渥堆后的茶叶摊放在晒场或晒席上。此外，还可以采用锅炒干燥法，或者通过自然通风进行干燥。传统制法中的干燥以晒干为主，但受天气影响较大。目前，许多茶厂通常采用机械干燥来替代传统的晒干。

三、筑压成品

拼配又叫"配仓"或"关堆"。拼配前，要抽取加工整理好的各种原料样品，经过检验符合质量要求后，按配料比例配制出小样，再制成成品小样与标准样对照，合格后再进行大仓配制。

南路边茶有不同的花色品种，主要包括康砖、金尖、毛尖茶、芽细茶和金仓茶等。这些品种的主要区别在于规格大小和原料配置的不同。

传统的南路边茶压制成形，采用手工舂包的方法，这一方法已有几百年历史。制作过程是先将篾兜放入模具，再加入蒸制后的茶叶，最后用舂压法将茶叶压紧。近代则改为夹板锤筑压机进行压制。其筑压过程一般分为三个步骤：称茶、蒸茶和筑压。

（一）称茶

称茶是称取原料的过程。由于原料在蒸制过程中含有一定的水分，且水分含量高于成品茶，因此称取原料时，需要考虑水分的损失，将失去的水分重量加在原料的重量中。

（二）蒸茶

蒸茶的传统方法是使用蒸锅和甑。茶叶被装入甑内，放置在已沸腾的蒸锅上，待甑盖上方的水蒸气开始滴落时，即可进行蒸制。

（三）筑压

南路边茶的筑压过程是先将长条形的篾兜（竹皮）装入木模内，扣紧木模后，将篾兜开口分开，撒入面茶。面茶通常是复制的绿茶。接着，将蒸制好的黑茶倒入篾兜内，进行舂压。筑压完成后，再撒入面茶，并重复这一过程。康砖每包含20块，金尖每包含4块。筑压完成后，打开篾兜口，取出茶包，冷却定型。茶包的长度，金尖茶不超过98厘米，康砖茶不超过96厘米。在茶砖失水的过程中，砖茶会进一步转色，香气变得更加纯正，滋味更加醇和。

四、传统雅安藏茶的包装

传统雅安藏茶的包装分为两类，通常使用三层包装材料：内包装为黄纸，黄纸外包牛皮纸，外包装用篾兜，再用篾条捆扎紧。

包装后的成品规格为金尖茶包长100厘米、宽17.8厘米、厚10.5厘米，重量（毛重）10.6千克；康砖茶长96厘米、宽16厘米、厚9厘米，重10.8千克。由于呈长条形，被称为"茶条"或"条包"。

现代包装多用于毛尖茶、芽细茶、精制的金尖茶和康砖茶，内包装材料为黄纸，外包装为纸盒。在贮存和运输时，小包装纸盒会装入大瓦楞纸箱，箱内衬有塑料袋。这种包装方法是在川藏公路建成后，运输方式发生根本性变化时才出现的。

雅安藏茶一般为一芽一二叶至一芽五叶，比传统藏茶原料更细嫩。

五、做庄茶的新工艺

南路边茶由四川省雅安茶厂和国营蒙山茶场等单位共同研究，简化了做庄茶的制造工艺，主要包括蒸青、初揉、初干、复揉、渥堆、干燥等。

（一）蒸汽杀青

将鲜叶装入蒸桶，放置于沸水锅上蒸，蒸汽从盖口冒出，叶质变软、梗折不断时即可，蒸制时间为8—10分钟。如在锅炉蒸汽发生器上蒸制，只需1—2分钟。

（二）揉捻

揉捻分两次进行，均使用揉捻机完成。鲜叶经杀青后，趁热进行初揉，揉制1—2分钟。初揉的主要目的是使叶片与茶梗分离，因此无须加压。第一次揉捻后，茶叶的含水量约为65%—70%。达到初揉标准后，及时进行初干，第一次干燥后，含水量应为32%—37%。初干后趁热进行第二次揉捻，时间为5—6分钟。第二次揉捻的主要目的是将茶叶揉成条形而不破碎，边揉边施加压力。复揉结束后，及时进行渥堆。

（三）渥堆

渥堆可以采取自然渥堆和加温保湿渥堆两种。

一是自然渥堆。将揉捻后的茶叶趁热堆积，堆高 1.5—2 米，堆面用席盖住，以保持温度和湿度。经过 2—3 天后，当茶堆上有热气冒出，堆内温度上升至约 70℃时，应使用木叉翻堆一次，将表层堆叶翻入堆心，并重新整理成堆。渥堆过程中要特别注意控制温度，根据环境温度的不同，渥堆的时间也有所不同。整体堆温不得超过 80℃，否则堆叶可能会被烧坏变黑。第一次翻堆后，经过 2—3 天，若堆面再次出现水汽凝结成水珠，且堆温升至 60—65℃，茶叶的叶色转为黄褐色或棕褐色时，即表示渥堆适度。此时可以开堆，去除粗梗，进行第二次干燥。

二是加温保湿渥堆。该方法通常在渥堆房内进行，可以人工控制温度和湿度。室内温度应保持在 65—70℃，相对湿度为 90%—95%，并保证空气流通。茶坯的含水量应保持在 28% 左右。在这种条件下，渥堆过程只需 36—38 小时即可达到理想效果，不仅用时较短，而且渥堆质量较好，能够提高水浸出物的总量约 2%。加温保湿渥堆能较好地控制环境温度和湿度，因此加温保湿渥堆对茶叶渥堆的掌控性较强。

（四）干燥

干燥分两次进行：第一次初干在揉捻后进行，含水量达到 32%—37%；第二次干燥在渥堆后进行，含水量为 12%—14%，一般采用烘干机干燥。

第十章
饮 茶 方 式

第一节
传统饮用方式

一、酥油茶的制作

酥油茶是一种在西藏和其他高原地区盛行的传统饮品，是藏族人民日常生活中不可缺少的饮品。酥油茶不仅味道醇厚，而且具有很高的营养价值，且在藏族文化中占有重要地位。酥油茶的主要成分有酥油、茶叶和盐，有时还会加入其他成分，如牛奶或羊奶。以下是基本的酥油茶制作方法。

（一）材料

1. 酥油

酥油是一种从牛奶、羊奶或牦牛奶中提取的乳制品，通常在高原地区被使用。酥油是从牛奶或羊奶中提取的脂肪，具有很高的热量和营养价值。酥油（根据个人口味调整）能增加酥油茶的浓郁感。

酥油的制作过程通常包括以下几个步骤。

提取：将新鲜的牛奶或羊奶倒入容器中，使其自然发酵。

搅拌：搅拌或摇动可以使奶中的脂肪颗粒聚集在一起。

分离：脂肪颗粒逐渐上浮到奶的表面，形成一层黄色的油脂。

收集：将这层油脂收集起来，这就是酥油。

清洗和成形：收集的酥油需要经过清洗去除杂质，然后可以压成块状或条状，便于储存和使用。

酥油的特点如下。

高能量：酥油含有较高的脂肪，是高能量食品。

口感浓郁：酥油具有浓郁的奶香味，口感细腻。

营养价值：酥油富含脂肪、蛋白质和多种维生素，是一种营养丰富的食品。

酥油在藏族人民的饮食中占有重要地位，除了用于制作酥油茶，还常用于制作酥油糌粑、酥油灯等。在高原地区，酥油是人们重要的能量来源之一。

2. 茶叶

南路边茶（雅安藏茶）。

3. 盐

根据个人口味添加酥油并在酥油茶中加入少量盐，不仅可以增添茶的风味，还有助于补充高原地区人们所需的重要矿物质。

4. 水

用适量的水来煮茶。

（二）制作步骤

准备茶叶：将砖茶掰成小块，放入茶壶中。

煮茶：在茶壶中加入足够的水，将水煮沸，直到茶水变浓。煮沸后，继续熬煮一段时间，让茶叶释放出浓郁的茶香。

过滤茶渣：过滤煮好的茶水，去除茶渣。

加入酥油：在茶水中加入适量的酥油，根据个人口味调整酥油用量。

加盐：根据个人口味，加入适量的盐。

搅拌：使用搅拌器或手动搅拌，直到酥油完全溶解在茶水中。

打茶：制作酥油茶的桶通常被称为酥油茶桶或酥油桶，在藏语中称为"董玛"。酥油茶桶是一种传统的茶具，用于搅拌酥油和茶叶，从而制作美味的酥油茶。酥油茶桶一般由木材或金属制成，具有独特的设计和装饰。使用时，将热茶水倒入装有酥油的酥油茶桶中，使用搅拌棒（通常是一根长木棍）快速搅拌，使酥油和茶水充分融合。这个过程需要一些力气和时间，直到酥油完全溶解在茶水中。搅拌的时间不宜过短，需要持续搅拌，直到酥油与茶水完全融合。

再次煮沸：将搅拌好的酥油茶再次加热至沸腾。

享用：酥油茶制作完成后，倒入杯中，趁热饮用。酥油茶通常在早晨饮用，作为一天的开始，也常在餐后饮用，帮助消化。酥油茶最好在温热时饮用，过高或过低的温度都会影响其风味。

酥油茶是将富含脂肪、蛋白质等高营养成分的高原产品——酥油，与富含维生素、纤维素等营养成分的南路边茶有机融合而成的饮品。酥油茶的制作可根据个人口味进行调整，比如酥油的量、是否加盐等。在西藏地区，酥油茶是招待客人的传统饮品。酥油茶不仅味道独特，而且富含脂肪、蛋白质和矿物质，能够为人体提供大量能量，非常适合在寒冷的高原环境中饮用，帮助人们抵御寒冷、补充体力。同时，酥油茶中的南路边茶还能够补充人体所需的维生素、纤维素等。

在藏族文化中，酥油茶不仅是一种饮品，在文化和宗教上还具有特殊的意义。酥油茶常被用于宗教仪式和节日庆典中，是藏族人民招待客人的传统饮品。

二、清饮

（一）黑茶冲泡准备工作

1.备茶

黑茶作为中国传统茶叶之一，因其独特的陈香和口感而备受欢迎。在选择黑茶时，应确保其品质上乘且保存良好。优质的黑茶色泽油润，香气浓郁，口感醇厚。

茶叶分量：泡茶者需要依据个人口味和茶具容量来决定茶叶分量，一般3—5克的黑茶适合一个中型茶壶。

2. 看人

在冲泡黑茶之前，了解饮茶者的口味偏好、健康状况和饮茶习惯至关重要。这有助于泡茶者选择适合的茶叶和冲泡方法，确保每个人都能找到适合自己的饮茶体验感。

3. 备器

泡茶者需要根据饮茶者的需求或茶叶的特性，选择玻璃壶、盖碗、紫砂壶等，或者使用其他材质的茶具来进行冲泡。

4. 备水

水质的好坏是决定茶汤冲泡质量的关键。正如古人所言"水为茶之母，器为茶之父"，水质直接影响茶的口感与品质，选择适宜的水源能够更好地凸显黑茶独特的香气与风味。

5. 黑茶冲泡

黑茶是一种具有独特发酵工艺和丰富营养价值的茶叶，具有越陈越香的特点。随着存放时间的延长，茶叶中的物质会进一步转化，使黑茶的口感和香气更加醇厚、甘甜。

在冲泡黑茶时，泡茶者可以选择玻璃壶、盖碗或紫砂壶等器具，充分展现黑茶的独特魅力。

（二）玻璃壶冲泡法

玻璃壶冲泡法是用玻璃壶作为主泡器，便于观察黑茶红浓的茶汤，配以公道杯和若干品茗杯（数量可根据饮茶者数量进行调整）（见图10-1）。

图 10-1 玻璃壶冲泡黑茶

1. 备茶

根据饮茶者所点的茶品，将茶叶置于茶荷中，茶水比例一般为 1 : 40。

2. 备具

玻璃壶、公道杯、品茗杯、茶盘或茶席、茶荷、茶巾、茶匙、随手泡。如果是干泡茶席，还可准备一个水盂。

3. 备水

水是冲泡茶叶的灵魂。冲泡黑茶时，最好选用软水，如纯净水或山泉水等。水温也是关键，一般来说，黑茶需要较高的水温来使茶叶的香气挥发出来，通常选用刚沸腾的开水进行冲泡。

4. 烫杯温壶

在正式冲泡前，泡茶者需要用热水烫洗玻璃壶、公道杯、品茗杯，这样不仅能清洁茶具，还能提高杯子的温度，有利于茶叶香气的散发。

5. 赏茶

将备好的茶叶放入茶荷中，欣赏其色泽和形态，感受黑茶独特的韵味。

6. 投茶

将茶叶投入玻璃壶中。

7. 温润茶

将适量的茶叶放入玻璃壶中，然后用少量热水润湿茶叶，迅速倒掉茶汤，这一过程被称为"温润泡"。

8. 冲泡

在玻璃壶中低斟，注入热水，入水动作要迅速，以更好地保持好水温。

9. 出汤

将玻璃壶中的茶汤倒入公道杯中，起到匀汤的作用。冲泡完成后，欣赏茶汤的颜色和清澈度。黑茶的茶汤通常呈深褐色或红褐色，清澈透亮。

10. 分茶

将公道杯中的茶汤分到各个品茗杯中，注意斟茶只斟七分满，留下三分是情谊。

11. 敬茶

将泡好的茶敬给饮茶者，这是一个主宾交流的过程，同时配合伸掌礼，请饮茶者用茶。

12. 品饮

先闻茶香，再品茶味，细细感受黑茶的醇厚口感和独特韵味。在品饮过程中，饮茶者可以根据个人口味适量调整茶叶的用量和冲泡次数。

13. 谢茶

行礼谢茶。

（三）盖碗冲泡法

盖碗冲泡黑茶如图10-2所示。

图10-2　盖碗冲泡黑茶

1. 备茶

准备3—5克的优质黑茶。根据个人口味和盖碗的大小，可以适量增减茶叶的用量。优质的黑茶能够确保茶汤的口感和香气。

2. 备具

准备盖碗、公道杯、品茗杯、茶荷、茶匙等茶具。盖碗是冲泡黑茶的主要茶具，具有良好的保温性能和慢散热的特点，非常适合欣赏茶叶的舞动并品味茶汤的变化。

3. 备水

选用优质的水源，如泉水、井水、矿泉水或纯净水等。

4. 烫杯

在开始冲泡之前，用开水烫洗盖碗、公道杯和品茗杯，以提高它们的温度。这样不仅能清洁茶具，还有利于茶汤散发香气。

5. 赏茶

将备好的黑茶放入茶荷中，仔细观察茶的色泽、形状和质地，感受茶的独特魅力。这一步可以增加品茶的仪式感，提高品茶的乐趣。

6. 投茶

将茶荷中的茶叶投入盖碗。

7. 摇干茶香

运用烫洗后盖碗的温热激发干茶的香气。

8. 嗅闻干茶香

将盖碗盖子揭开一个缝隙，靠近鼻翼闻茶香。在饮茶者闻香时，泡茶者可以简要介绍茶叶的香气。

9. 温润茶

温润茶也称为"洗茶"或"醒茶"。用茶匙将茶叶有序地投入盖碗中，提起水壶，从茶叶边缘的一点开始，定点注入沸水。让茶叶在盖碗中充分浸润，然后迅速倒掉水。这一步的目的是去除茶叶表面的灰尘和杂质，使茶叶能够更好地展开。

10. 冲泡

再次提起水壶，向盖碗中注入沸水直到盖碗被注满为止。注意控制水温和水流速度，保持冲泡水温。

11. 出汤

将冲泡好的茶汤倒入公道杯中，起到匀汤的作用。

12. 赏汤

在冲泡过程中，泡茶者可以观察茶汤的变化。黑茶的茶汤通常呈现深红色或红褐色，清澈透亮。在欣赏茶汤的同时，品茶者也可以感受茶的独特香气。

13. 分茶

将公道杯中的茶汤分到各个品茗杯中，注意品茗杯茶汤水位一致。

14. 敬茶

双手将泡好的敬给饮茶者，并行伸掌礼，饮茶者可用叩首礼回敬。

15. 品饮

待茶汤浸泡适当后（根据茶叶的品质和个人口味调整），将茶汤滤入公道杯和品茗杯中，细细品味黑茶的香气和口感。黑茶口感醇厚，香气深沉，回甘极好。

16. 谢茶

行礼谢茶。

（四）壶泡法冲泡

壶的材质种类繁多，有紫砂壶、黑砂壶、陶壶、瓷壶等。以壶为主泡器，采用分杯泡法。具体流程包括：备茶、备水、备器、煮水、赏茶、温碗洁具、投茶、摇香、嗅闻干茶香、浸润泡、冲泡、出汤、分茶、敬茶、引导品茗、谢茶。

（五）茶壶焖泡法

取茶5—8克，将茶放入玻璃壶中，用沸水冲洗一次，倒掉水后加入沸水700毫升，再将壶置于蜡烛台上。焖泡20分钟后即可饮用。

（六）煮茶壶熬煮法

待水温加热至约80℃时，放入适量藏茶（此时无需加盖），待水沸腾后继续煮1分钟关火，盖上壶盖焖泡5—8分钟，滤渣后即可饮用。将茶汤置于开水壶中焖置1—2小时，茶汤会更黏稠、更浓郁、更丝滑。

（七）调饮法

将藏茶熬煮成浓汁后，过滤备用。首先，根据个人口味，向茶汤中加入适量的水果、干果、牛奶、酥油或食盐等。其次，将茶汤倒入搅拌器中，进行适当的搅拌。最后，将制好的茶饮倒入壶中，再分别倒入小茶碗中供人品饮。

第二节
茶　艺

一、用玻璃器具冲泡雅安藏茶（清饮）的操作

（一）基本程序

用玻璃器具冲泡雅安藏茶的基本程序：敬香祈福—恭候嘉宾—轻拂祥云—临泉听涛—仙雀沐淋—欢悦仙草—仙茗入宫—沐浴春风—涓涓清流—雀跃仙台—喜降甘露—天女献艺—敬奉香茗—鉴赏仙容—细闻天香—初品仙茗—再斟金霞—领略藏韵。

（二）藏茶（清饮）茶艺操作步骤及解说词

1. 敬香祈福

操作：焚香。在泡茶之前，点燃一支香，凝神静气。然后，净手，为茶艺操作做准备。

解说：点燃藏香，营造祥和、肃穆、温馨的氛围。首先，敬天地，感谢上苍赐予我们延年益寿的灵芽；其次，敬祖先，是他们用智慧和汗水，将灵芽转化为珍贵的茶饮；最后，敬茶神，他教会了我们如何种茶、用茶。

2. 恭候嘉宾

操作：恭迎嘉宾。行礼，引嘉宾入茶席。

解说：用合十礼真诚地欢迎各位嘉宾的光临。

3. 轻拂祥云

操作：将玻璃壶底座放入温炉中，点燃蜡烛备用。

解说：藏茶一般热饮为佳。在藏传佛教中，火焰常被视为佛手的护

佑，是吉祥的象征，能够避寒驱兽，带给人温暖和安全。炉中燃烧的红蜡烛不仅有助于保持茶汤的温度，而且仿佛天边的祥云，为人们带来健康、安宁与祥和。

4. 临泉听涛

操作：煮水。藏茶冲泡需要使用高温沸水，水壶中沸腾的水如临泉听涛。

解说：陆羽《茶经》中有"水三沸"之说，静坐炉边，听水声。初沸如鱼目，二沸、三沸声渐趋奔腾澎湃，涛声四起。所以，我们一般使用沸水来冲泡藏茶。

5. 仙雀沐淋

操作：温壶。将煮沸的水倒入玻璃茶壶中，以提升茶壶的温度，然后将茶壶中的水倒入五个小杯中。

解说：精致的玻璃茶壶造型宛如仙雀。温壶，使得稍后放入茶叶冲泡时，茶壶的温度适中，有利于茶叶有效成分的浸出与香气的散发。唐贞观十五年（641年），文成公主远嫁吐蕃松赞干布，嫁妆丰富，除金银首饰、珍珠玛瑙、绫罗绸缎等，还有各种名茶。文成公主常以茶赐群臣、待亲朋。

6. 欢悦仙草

操作：赏茶。冲泡茶叶时，选用散装藏茶或精制小方茶饼，将茶叶或茶饼置于茶荷中，供宾客鉴赏。

解说：块状的藏茶色泽棕褐，密实且芳香宜人。

7. 仙茗入宫

操作：置茶。将适量茶叶放入茶壶中。

解说：文成公主将茶叶带入王宫，人们纷纷效仿，饮茶之风日益盛行。为了满足西藏地区人们对茶叶的需求，文成公主建议用西藏土特产交换茶叶，从而形成了茶马古道。

8. 沐浴春风

操作：润茶。由于藏茶原料较为成熟，需要使用高温沸水进行润茶，以提升冲泡温度，同时也有助于散开茶饼。润茶时间不宜过长，以免有效成分过多浸出。

解说：藏茶是一种全发酵茶，属于黑茶。藏茶的制作过程繁复且耗时，通常包括杀青、揉捻、渥堆等工序和工艺。优质的紧压藏茶经过沸水浸泡后，茶叶逐渐松散，散发出幽幽茶香。

9.涓涓清流

操作：第一泡茶。采用低斟回旋的手法，将刚刚沸腾的开水缓缓注入茶壶，并用壶盖轻轻刮去溢出的茶叶泡沫。第一泡的时间以茶汤呈现红浓明亮的色泽为宜，随后将茶汤倒入另一玻璃壶中。

解说：好鞍配好马，好水配好茶。缓缓注入的纯净水，宛如涓涓清流，行走于山涧峡谷，穿梭在茂林修竹，浸润在一片芳草之中。

10.雀跃仙台

操作：茶汤分离后，将茶壶放置于左上角的保温炉上。

解说：将茶壶放置于保温炉上，既能保持茶汤的温度，又有助于茶叶中有效成分的进一步浸出，使茶汤更加醇厚宜人，香气四溢，口感爽滑。看！这只玉壶静静伫立于炉台之上，晶莹剔透，宛如一只振翅欲飞、冲天而起的山雀。

11.喜降甘露

操作：将泡好的茶汤，斟入小茶杯中，斟茶只斟七分满，留下三分是情谊。

解说：传说观音菩萨净瓶中的甘露可以消灾祛病，救苦救难。分茶入杯，如甘露普降，寓意为带来吉祥。

12.天女献艺

操作：再次向茶壶中注入沸水，待茶汤达到适宜浓度时，迅速将茶汤倒入另一茶壶中。盛放茶汤的茶壶可始终置于保温炉上，保持茶汤的温度。

解说：再次向茶壶中注入沸水，准备为宾客续茶，确保茶汤口感醇厚，温热适宜。

13. 敬奉香茗

操作：将泡好的藏茶恭敬地奉给宾客。

解说：藏茶富含茶色素，有助于降血压和降血脂。藏茶中的茶多酚能够提高血管韧性。藏茶不仅芳香四溢，更传递着雅安人民的热情与诚意。

14. 鉴赏仙容

操作：观色。

解说：优质的藏茶由于品种不同，茶汤色泽通常呈褐红色或褐黄色，明亮清澈且常带有金色光圈，十分诱人。

15. 细闻天香

操作：闻香。用三龙护鼎的手法持杯，细闻茶的幽香。

解说：雅安藏茶具有独特的醇香，沁人心脾，令人陶醉。

16. 初品仙茗

操作：品茗。品茗需细啜慢品，小口将茶汤轻轻吸入口中，仔细感受茶汤的滋味。

解说：藏茶中富含茶多酚、儿茶素、咖啡碱、氨基酸、维生素C、维生素E等，长期饮用藏茶对保持健康具有促进作用。茶汤入口润滑，饮茶者应在口中慢慢感受，不宜急于咽下。细细品味，饮茶者就能感受藏茶独特的陈香与醇厚的回甘滋味。

17. 再斟金霞

操作：再次为宾客续杯斟茶。

解说：再次为宾客斟茶，也斟上我们的真情，希望宾客能再次感受雨城的浪漫，再品藏茶之美！

18. 领略藏韵

操作：品茗之后，静心回味，感受喉底的回甘与鼻腔中的茶香，享受整个品茗过程。

解说：浓郁的茶香将我们带入辽阔的高原，蓝天、白云、青草地交织在心头。我们的心境将更加宁静、祥和。感谢各位嘉宾的光临，感谢大家与我们一同伴随藏茶的香气，共度这一段美好的时光。愿我们的友谊随着藏茶的醇香四溢，传向四方！我们衷心祝愿各位嘉宾前程似锦、身体安康、扎西德勒（吉祥如意）！

图10-3、图10-4分别展示了玻璃盖碗藏茶茶艺与陶壶煮茶藏茶茶艺。

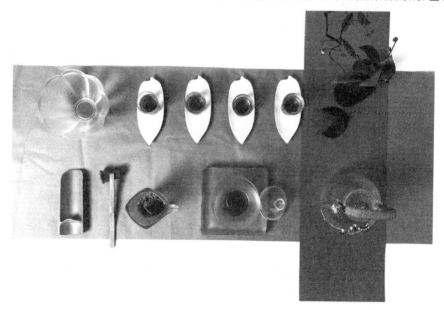

图10-3　玻璃盖碗藏茶茶艺

图10-4　陶壶煮茶藏茶茶艺

二、生活茶艺

（一）操作步骤

赏干茶—温杯洁具—投茶—热闻干茶香—温润泡—正泡—出汤—分茶—敬茶。

（二）推荐与介绍

1. 赏干茶

藏茶是一种具有深厚文化底蕴和重要生活价值的饮品，主要产于四川雅安，被誉为"民生之茶"，属于黑茶。藏茶的色泽黑褐油润，汤色清亮明澈，滋味醇厚，回味甘爽。

2. 热闻干茶香

藏茶在盖碗的激发下散发着陈香。

3. 品鉴

第一泡茶底香：香气独特，陈香味明显且持久。

公道杯香气：热嗅陈香明显，冷嗅则带有淡淡的焦糖香。

一看二闻三品：汤色橙红明亮，沉香浓郁，滋味醇厚甘爽。

空杯香：空杯香气不明显，带有一股甜甜的焦糖香。

第二泡茶底香：陈香味相比第一泡更加明显，香气悠长。

公道杯香气：热嗅陈香明显，冷嗅则带有淡淡的焦糖香。

一看二闻三品：汤色相比第一泡更浓，色泽橙黄明亮，陈香浓郁，滋味醇厚爽口。

空杯香：具有淡淡的焦糖香，香气悠然。

三、编创茶艺实例

（一）《茶香藏味鉴平生》茶席设计文案

茶艺主题：茶香藏味鉴平生。

选用茶叶：藏茶（泡饮），友谊茶叶有限公司散装藏茶。藏茶由传统手工工艺制作，是中国非物质文化遗产，它外形颗粒肥壮，色泽乌黑油润，滋味甘醇浓郁，香气悠长，汤色枚红明亮。

压制小圆形藏茶（饰品）：压制藏茶做装饰获国家发明专利。装饰用藏茶水分比饮用茶含量更低，硬度较高，香气馥郁高长，能够定心凝神。

选用茶具：段泥和紫泥相间的紫砂壶茶具一套，一壶、一公道杯、三品茗杯。

选用音乐：古琴曲《禅茶一味》。

创作思路：康巴卫藏，雪域高原，藏民嗜茶，日暮勿缺。藏茶日渐受到重视；茶蕴万象，茶净苍生。藏茶与汉茶的融合，风尚已然成形。菩提念珠，千年传承，茶从参禅悟道的工具演变为众生大智慧的象征，使佛珠在宗教寓意之外，成为时尚文化的符号。香炉袅袅，烟雾轻绕，怡神悦心，养生祛病，引导人们进入净、正、定的境界，塑造祥和、肃穆、温馨的氛围。

本作品以品饮藏茶为媒介，压制藏茶做装饰，奉香祈福，念珠悟道。品茶与参禅的机理本就同属一味。饮一杯清茶，品一段人生。

藏茶在保留传统熬煮调饮方法的同时，也在向藏式汉饮的冲泡方式转变。当藏茶一改草原牧歌中的粗碗豪饮，以一袭汉衣小口啜饮的方式呈现时，别有一番余韵，更是汉藏民族文化的有机融合。藏传佛教的神秘色彩为藏茶平添了几分韵味。香茗在口，梵音入定，念珠持手。独品亦好，同品亦罢，均得慧悟平生（见图10-5）。

图 10-5　茶香藏味鉴平生

（二）《藏韵》茶艺表演解说词

在被誉为"世界屋脊"的青藏高原上，西藏是中国神圣领土不可分割的一部分。这片土地上的人民创造了丰富灿烂的文化，从民族文化走廊孕育出的藏茶，朴实无华，贴近大自然。

很久以前，当我们途经西藏牧区时，常常会看到这样的场景：藏族姑娘为了获取家人一天所需的生活用水，艰难跋涉，沿着蜿蜒崎岖的山路，背着沉重的木水桶，清水与汗水无言交融，诉说着日常生活的艰辛。

雪域高原上留下的串串足印，见证了古往今来天路的艰难。当藏茶伴随马帮的驼铃声进入西藏地区时，当勤劳淳朴的藏家姑娘将雪域之水熬煮成藏茶时，茶香中不仅弥漫着黑茶的醇厚，也渗透着千万藏族人家的生活气息，因而藏茶被誉为"民生之茶"。

以前，藏族同胞每天清晨的首要任务就是供奉佛祖，点燃酥油灯，转经，转山。当跳动的火焰在藏族姑娘手中点燃时，酥油灯闪亮，虔诚与肃穆、温馨与祥和油然而生。

（停顿几秒钟）

转山是西藏地区盛行的一种庄严而神圣的宗教活动。在西藏的许多地方，转山都是习俗。藏传佛教认为，念诵六字真言的次数越多，越能表达对佛的虔诚，从而有望摆脱轮回之苦。因此，藏族人民不仅口诵六字真言，还会制作"嘛呢"经筒等，将经文装入经筒，手摇经筒，每转一次，便相当于反复念诵百倍、千倍的六字真言。

藏茶是典型的黑茶，其干茶颜色呈深褐色。一碗茶汤足以驱散一身疲惫，藏族人民常说"宁可三日无粮，不可一日无茶"。

制茶、品茶、参禅的过程本质上有相似之处。藏茶最终的色、香、味，需要经过三十多道水与火的反复历练，才能呈现出藏茶独特的风味。

千百年来，汉族人民用双手与汗水酿就的藏茶，已成为藏族同胞的民生之茶。

对藏族人民来说，藏茶不仅是一种饮品，而且已经成为日常生活中不可或缺的组成部分。

藏茶不仅是藏汉文化交流的载体，更是在藏汉民族之间传递健康、友谊与团结的桥梁。藏茶汤色红浓明亮，香气持久，口感醇和，滋味甘醇鲜爽。藏茶形似麻花，因此藏族人民称藏茶为"果子"。搭配藏茶，作为日常早餐与午餐的主食，尤其每逢佳节，"果子"便成为藏族人民家家户户必备的美食。

信奉佛教的藏族人民在接待宾客时，会向宾客献上洁白的哈达，以表示欢迎；奉上浓浓的藏茶，并配以香脆的果子，以解除路途的劳累。藏茶有四绝"红、浓、陈、醇。""红"指茶汤色透红，鲜活可爱；"浓"指茶味地道，饮用时爽口酣畅；"陈"指藏茶具有陈香味，且保存时间越久的老茶茶香味就越浓厚；"醇"指入口不涩不苦，滑润甘甜，滋味醇厚。

藏族人民用沉香枝蘸取茶汤敬奉天地，以感谢神恩。当藏家祖孙扶老携幼地走在崎岖的山路上时，当五彩的飞马纸如雪片般飘洒在空中时，五彩的风马旗在高原劲风中飘舞时，我们不禁心生一问：藏族人民通过这神圣而庄严的仪式，旨在传达怎样的情感呢？

原来，藏族人民以五彩的旗帜、经幡、风马纸来与雪域高原的守护神交流，祈求守护神保护各部落安宁与祥和。这便是藏族人民最虔诚的心愿。

洒科茶炉共一担，香漫雪域酬知音。最后，我们真诚地祈祷：我们的生活幸福安康，扎西德勒（吉祥如意）!

参考文献

[1] 顾观光.神农本草经[M].北京：学苑出版社，2012.

[2] 陆羽.茶经[M].北京：中华书局，2010.

[3] 顾炎武.日知录[M].上海：上海古籍出版社，2012.

[4] 姚春鹏.黄帝内经[M].北京：中华书局，2016.

[5] 陈元龙.格致镜原[M].上海：上海古籍出版社，1992.

[6] 郭璞，潘佳.尔雅注[M].北京：商务印书馆，2023.

[7] 李时珍.本草纲目[M].北京：线装书局，2011.

[8] 程俊英.诗经译注[M].上海：上海古籍出版社，2012.

[9] 郭璞.尔雅[M].杭州：浙江古籍出版社，2011.

[10] 扬雄.方言[M].北京：中华书局，2016.

[11] 晏婴.晏子春秋[M].北京：中国书店出版社，2014.

[12] 陈寿.三国志[M].北京中华书局，2009.

[13] 常璩.华阳国志[M].重庆：重庆出版社，2008.

[14] 常明，杨芳灿.四川通志[M].成都：巴蜀书社，1984.

[15] 王建，荣西.吃茶养生记[M].贵阳：贵州人民出版社，2004.

[16] 赵佶.大观茶论[M].北京：中华书局，2013.

[17] 审安老人.茶具图赞[M].杭州：浙江人民美术出版社，2013.

[18] 赵学敏.本草纲目拾遗[M].北京：中国中医药出版社，1998.

[19] 刘喜海.金石苑[M].成都：巴蜀书社，2018.

[20] 王象之.舆地纪胜[M].北京：中华书局，1992.

[21] 欧阳修.新唐书[M].北京：中华书局，1975.

[22] 李吉甫.元和郡县图志[M].北京：中华书局，1983.

[23] 李肇.唐国史补[M].上海：古典文学出版社，1983.

[24] 故宫博物院.故宫贡茶图典[M].北京：故宫出版社，2022.

[25] 陈藏器.《本草拾遗》辑释[M].合肥：安徽科学技术出版社，2002.

[26] 上海科学技术出版社.大众医学[M].上海：上海科学技术出版社，1984.

[27] 许容.甘肃通志[M].兰州：兰州大学出版社，2018.

[28] 李洵.明史食货志校注[M].北京：中华书局，1982.

[29] 夏涛.制茶学[M].北京：中国农业出版社，2016.

[30] 李朝贵，李耕冬.藏茶[M].成都：四川民族出版社，2007.

[31] 陈椽.茶业通史[M].北京：中国农业出版社，2008.

[32] 伍淑玉，任敏.茶艺[M].北京：科学出版社，2021.

[33] 黄建安，施兆鹏.茶叶审评与检验[M].北京：中国农业出版社，2022.

[34] 杜晓，陈书谦，陈吉学.蒙顶山茶品鉴[M].北京：中国文史出版社，2014.

[35] 李家光，陈书谦.蒙山茶文化说史话典[M].北京：中国文史出版社，2013.

[36] 李红兵.四川南路边茶[M].北京：中国方正出版社，2007.

[37] 张珊珊.《红楼梦》中的茶文化翻译研究[J].福建茶叶，2023，45（03）：196-198.

[38] 吴蓉斌.伊藤漱平日译本《红楼梦》的茶主题翻译[J].福建茶叶，2023，45（01）：182-186.

[39] 于佳弘，崔颖.杨宪益译版红楼梦饮食文化翻译策略研究[J].作家天地，2022，（35）：99-102.

[40] 余思齐.《红楼梦》英译本中茶事动词翻译研究[J].英语广场，2022，（14）：3-6.

[41] 秦沽月.《红楼梦》里的茶文化[J].雪豆月读，2022，（14）：4-9.

[42] 熊前莉，郝一凡.中华典籍中民俗体育的外译分析及启示——《红楼梦》两译本的传播效果对比[J].上海体育学院2022：2.

[43] 郭乐文.《红楼梦》中的茶文化书写及叙事价值[J].今古文创，2022，（04）：38-40.

[44] 魏雷.生态翻译学视域下《红楼梦》茶文化译写研究——以杨译本和霍译本为例[J].上海理工大学学报（社会科学版），2022，44（03）：231-237.

[45] 金晓舒，李晓婧.中国文化走出去背景下《红楼梦》中茶名英译研究[J].中国校外教育，2020，（03）：75-76.

[46] 何先成.《红楼梦》中的茶事与茶文化散论[J].农业考古，2018，（05）：78-87.

[47] 王莹雪.论《红楼梦》中茶文化描写及其审美功能[J].大庆师范学院学报，2018，38（01）：88-92.

[48] 段亚莉.目的论视角下《红楼梦》茶文化英译[J].福建茶叶，2016，38（07）：288-289.

[49] 胡晓瑛.由《红楼梦》茶文化看明清茶具之美[J].农业考古，2013，（02）：85-88.

[50] 杜雅靓，任亮娥.基于汉英平行语料库的《红楼梦》中俗语翻译对比研究[J].科教文汇（上旬刊），2011，（13）：126-128.

[51] 姚国坤.茶文化概论[M].杭州：浙江摄影出版社，2004.

[52] 邓云梦.红楼识小录[M].太原：太原山西人民出版社，1984.

[53] 彭琛.看红楼品茶韵——《红楼梦》茶文化探析[J].农业考古，2014，（05）：151-154.

[54] 宛晓春.茶叶生物化学[M].北京：中国农业出版社.2016

[55] 王权.俗语日译难点分析——以《红楼梦》俗语日译为参考[J].文化创新比较研究，2022，6（07）：50-53.

[56] 耿文辉.中华谚语大辞典[M].沈阳：辽宁人民出版社，1991.

[57] 曹雪芹.红楼梦[M].北京：人民文学出版社，1979.

[58] 石硕.茶马古道及其历史文化价值[J].西藏研究，2002，（04）：49-57.

[59] 达仓宗巴·班觉桑布.汉藏史集[M].拉萨：西藏人民出版社，1986.

[60] 四川省社会科学院历史所.四川藏学论文集[M].北京：中国藏学出版社，1993.

[61] 吴丰培.川藏游踪汇编[M].成都：四川民族出版社，1985.

[62] 唐立忠.雅安藏茶产业现状及发展之路[J].农家科技（上旬刊），2017（9）：23.